新一代信息技术系列教材

基于新信息技术的 HTML5 和 CSS3 网页设计基础教程

主　编　谢钟扬　曾　琴　马　庆

副主编　胡同花　刘　群　左向荣

　　　　胡宇晴　刘　佳　黄利红

U0379249

西安电子科技大学出版社

内 容 简 介

　　本书主要讲述 HTML5 和 CSS3 的基础知识。全书共 12 章，第 1 章至第 6 章介绍了 HTML 的基础知识，第 7 章至第 11 章介绍了 CSS 的基础知识，第 12 章介绍了一个项目实战案例的全部开发过程。

　　本书的读者对象为 Web 程序开发和网页开发的初学者。本书可作为大专院校软件技术、软件开发等专业的教学参考书，也可供其他相关专业及技术人员参考。

图书在版编目(CIP)数据

基于新信息技术的 HTML5 和 CSS3 网页设计基础教程 / 谢钟扬，曾琴，马庆主编
. —西安：西安电子科技大学出版社，2019.7(2024.1 重印)
ISBN 978-7-5606-5322-8

Ⅰ. ①基…　Ⅱ. ①谢…　②曾…　③马…　Ⅲ. ①超文本标记语言—程序设计—教材
②网页制作工具—教材　Ⅳ. ①TP312.8　②TP393.092.2

中国版本图书馆 CIP 数据核字(2019)第 102679 号

策　　划　杨丕勇
责任编辑　杨丕勇
出版发行　西安电子科技大学出版社(西安市太白南路 2 号)
电　　话　(029)88202421　88201467　　邮　　编　710071
网　　址　www.xduph.com　　　　　　　电子邮箱　xdupfxb001@163.com
经　　销　新华书店
印刷单位　咸阳华盛印务有限责任公司
版　　次　2019 年 7 月第 1 版　　2024 年 1 月第 5 次印刷
开　　本　787 毫米×960 毫米　1/16　印　张　11.5
字　　数　201 千字
定　　价　29.00 元
ISBN 978-7-5606-5322-8 / TP
XDUP 5624001-5
如有印装问题可调换

前　　言

随着互联网越来越深地融入到社会生活的方方面面，其所涉及的功能和需求日益复杂，面向的用户群体日益广泛，这些都对 Web 网页的复杂程度、用户友好性提出了巨大的挑战；另一方面，近年来移动互联网的发展和兴盛，使得 Web 网页开发需要符合移动设备的使用习惯和功能要求。因此，无论是业务上的发展提出的新的需求，还是技术上的进步提出的新的要求，都促使 Web 网页技术面对挑战，不断地完善自身，发展新技术。随着 HTML5、CSS3 标准的更新，JQuery 框架的推出，以及随之而来的大量的技术框架和解决方案的涌现，Web 网页技术领域在近年来呈现出强劲的发展势头。

Web 网页开发入门并不难，但是初学者如果没有养成良好的学习和编码习惯，则开发水平的提高速度会变得很慢。本书以 HTML、CSS 公开发布的技术标准和文档为基础，综合了编者这些年来积累的各种 Web 网页开发经验以及各种高效的 Web 网页开发实践，详细介绍了 Web 前端开发所需的核心知识和实用的解决方案，力图用简明扼要的语言、翔实具体的实例，让读者从原理上理解和掌握进行 Web 网页开发所需的技术。

由于编者的水平有限，书中难免会出现不妥之处，恳请读者批评指正。

编　者
2019 年 3 月

目　　录

第 1 章　初识 HTML

1.1　HTML 概述

万维网成功的根基，是一种基于文本的标记语言；它简单易学，并且能被任何带有基本 Web 浏览器的设备识读；它就是 HTML。

HTML 的全称是 **Hyper Text Markup Language**，即超文本标记语言。它是一种使用标记标签来描述网页的编程语言。HTML 构成的网页都仅由文本构成，这意味着网页可以保存为纯文本格式，可以在任何平台(无论是台式机、手机、平板电脑还是其他平台)上用任何浏览器查看。这个特性也确保了 HTML 页面很容易被创建。

综上所述，HTML 以纯文本的方式包含网页内容并说明这些内容的意义，而 Web 浏览器则会识读 HTML 的内容，并将网页呈现给用户。所以，可以简单地理解为：

HTML 文档 = 网页

一个用 HTML 编写的文档，如果用文本编辑器打开，我们看到的是 HTML 代码；如果用 Web 浏览器打开，我们看到的则是一个网页。

1.1.1　HTML 思想

设想这样一种场景：你打开装满文具的抽屉，手上拿着便利贴，上面每一张都写着一个单词。有的贴纸上写的是"钢笔"，有的写的是"橡皮""圆规""直尺"等。

你为抽屉里的每一样物品都贴上最能描述它的便利贴。给一支黑色的钢笔贴上"钢笔"的贴纸，给一块黄色的橡皮贴上"橡皮"的贴纸。其他物品也采用类似的做法。

编写 HTML 与这个过程是很相似的。不同的是，编写 HTML 是为网页内容打上能够描述它们的标签。读者无需自己创建标签名称，HTML 已经完成了这一工作，它有一套预先定义好的标签名称。例如，<p>标签表示段落，<li>标签表示列表项目，<a>标签表示超链接等。我们会在接下来的章节进一步介绍这些标签以及更多其他的标签，读者也可以通过查询 HTML 标签一览表来认识 HTML 的标签。

　　注意，便利贴上使用的如"钢笔""橡皮"这样的词，而不是"黑色的钢笔""黄色的橡皮"。类似的，HTML 的标签描述的是内容是什么，而不是看起来什么样。因此，不管最后让一个段落显示的文本是黑色还是蓝色，它们都是用<p>标签来标识的。至于内容的样子，是使用 CSS 来控制的。在学习本书和创建网页的时候，应该始终牢记这一思想。

1.1.2　基本的 HTML 页面

　　接下来，我们来看一个基本的 HTML 页面，大概了解一下 HTML 代码和页面的样子。即便现在不能完全理解这些代码也不必担心，本书接下来的部分会对其进行详细的说明。

　　每个网页都由代码 1-1 所示的结构开始构建。

```
<!DOCTYPE html>
<html>
    <head>
        <meta charset="utf-8">
        <title>Page Title</title>
    </head>
    <body>
    </body>
</html>
```

代码 1-1　基本的 HTML 页面

　　HTML 文档如果需要保存为文件的话，则需要以.html 或者.htm 为后缀名保存。例如代码 1-1 可以保存成 1-2-1 index.html 文件。注意，在将 HTML 保存成.html 或.htm 文档时，文件名建议不要使用中文字符，而应该使用一个简洁明了的、能够概括该页面内容的英文单词。

　　每个网页都包含 DOCTYPE、html、head 和 body 元素，它们是网页的基本结构。在这个页面中，可以定制的内容包括两项，一是赋予 lang 属性的语言代码，二是<title>和</title>之间的文字。

代码 1-1 所描述的 HTML 页面相当于一张白纸，如果使用浏览器打开该 HTML 文档，所看到的页面如图 1-1 所示。

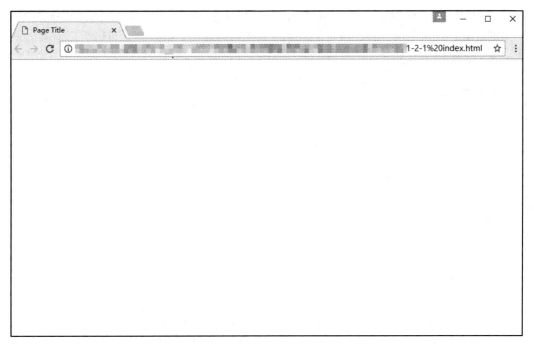

图 1-1　基本的 HTML 页面

HTML 使用 "<" ">" 包围 HTML 标签。开始标签(如<html>)用于标记标签的开始，结束标签(如</html>)用于标记标签的结束。

<!DOCTYPE html>部分(称为 DOCTYPE，文档类型声明)告诉浏览器这是一个 HTML5 页面。DOCTYPE 应该始终位于页面的第一行。

<html>与</html>用于标识 HTML 页面，也就是说 HTML 页面的内容都应该写在这两个标签之间。

<meta charset="utf-8">是使用<meta>标签说明该 HTML 文档的解码字符集。在本书中，如不做特殊说明，则均使用<meta>标签指定 HTML 文档的解码字符集为 utf-8。

<head>和</head>以及这两个标签之间的内容称为网页的头部。在头部中可以使用标签定义一系列浏览器和搜索引擎读取的信息，但是这些信息都不会显示在页面中。

网页头部中<title>与</title>标签之间的文本会出现在浏览器标签页中，作为网页的标题。此外，这些文本通常还是浏览器书签的默认名称，它们对搜索引擎来说也是非常

重要的信息。

<body>和</body>以及这两个标签之间的内容，称为页面体，这才是网页上显示的内容。在代码 1-1 中，<body>和</body>之间并没有任何内容，所以其显示如图 1-1 所示，使用浏览器查看这个网页时，网页上也是没有任何内容的。接下来，可以为页面添加一些内容，如代码 1-2 所示。

```
<!DOCTYPE html>
<html>
    <head>
        <meta charset="utf-8">
        <title>Page Title</title>
    </head>
    <body>
        <article>
            <h1>兰花 (中国十大名花之一)</h1>
            <img src="Cymbidium.jpg"/>
            <p>
                兰花(学名：Cymbidium ssp.)：附生或地生草本，叶数枚至多枚，通常生于假鳞茎基部
            或下部节上，二列，带状或罕有倒披针形至狭椭圆形，基部一般有宽阔的鞘并围抱假鳞茎，有关节。
            总状花序具数花或多花，颜色有白、纯白、白绿、黄绿、淡黄、淡黄褐、黄、红、青、紫。
            </p>
        </article>
    </body>
</html>
```

代码 1-2　添加了内容的 HTML 网页

图 1-2 显示了桌面浏览器呈现的这段 HTML 的效果。

这个页面包含了文本内容、图片和标记。使用浏览器查看网页时，不会显示"<"">"包围起来的标签，不过这些标签是非常有用的，我们就是使用它们来描述内容的。HTML 提供了很多这样的标签，这里暂时不对示例代码做过多的探讨。在后续的内容中，将进一步介绍 HTML 的基础知识，如通常意义上的元素、属性、文件名、URL 等。介绍完这些，再回过头来解释为什么要以这样的方式标记这些内容。

图 1-2　添加了内容的 HTML 网页

1.2　HTML 的基本概念

综合 1.1 节对于 HTML 的概述，关于 HTML 可以归纳出如下两个结论：

- HTML 用标签来标注网页的内容。
- HTML 提供了一整套预定义的标签。

在代码 1-1 所示的 HTML 页面的示例中，我们已经见识了几个 HTML 的标签。在继续深入地学习 HTML 的标签之前，先来仔细看看标签的组成，深入理解关于标签的几个基本概念。

1.2.1　元素(element)

1.1 节提到 HTML 使用 "<" ">" 包围 HTML 标签。开始标签(如<html>)用于标记标签的开始，结束标签(如</html>)用于标记标签的结束。开始标签和结束标签之间的内容为这个标签的内容。

在 HTML 中，将一个标签的开始标签和结束标签以及这两者之间的内容组成的整体，称为一个元素。元素的概念在 HTML 中使用 element 来表示，参见图 1-3 元素的组成示意图。

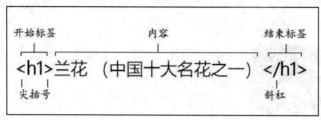

图 1-3　元素的组成示意图

这是一个典型的 HTML 元素，元素的名称即为标签的名称 h1。

虽然在个别时候，只写了开始标签，却没有对应的结束标签，浏览器依然可以正常地显示网页，但是 HTML 的规范要求所有的标签均应该有开始标签和结束标签，即程序员应该明确地标注每个标签在何处结束。

还有一些元素是空元素(empty element)，即不包含内容的元素。对于这样的元素，应该写成由左尖括号开头，然后是元素的名称和可能包含的属性，再后是一个可选的空格和一个可选的斜杠，最后是必有的右尖括号，如图 1-4 所示。

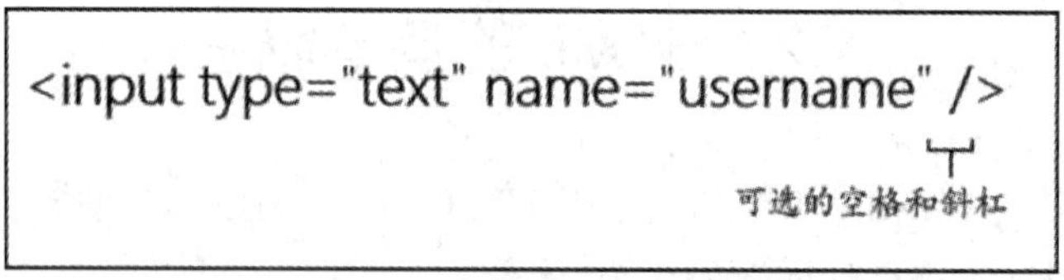

图 1-4　空元素的写法

在 HTML5 中，空元素结尾处的空格和斜杠是可选的。XHTML 要求空元素结尾处必须有斜杠。使用 XHTML 的用户可能仍然倾向于在 HTML5 中继续使用斜杠，而其他用户可能已经不用了。不管选择哪种方式，建议始终保持一致。

按照惯例，元素的名称都用小写字母。不过 HTML5 对此并未做要求，也可以使用大写字母，只是现在已经很少有人用大写字母编写 HTML 代码了。因此，除非无法抗拒的原因，否则不推荐使用大写字母，这是一种过时的做法。

1.2.2　属性(attribute)和值(value)

元素以其名称向浏览器标识了显示在页面上的内容是什么，而关于这个元素以及元素中的内容的一些附加信息，则是通过元素的属性来表示的。元素的属性包括属性名和属性值两个部分。元素的属性遵循如下几项规则：

- 属性总是被写在元素的开始标签中。
- 一个元素可以有一个或者多个属性，也可以不写属性。
- 不同的元素有指定的属性，也可以为元素添加特殊的属性。
- 有些属性，例如 id 属性，可以在所有元素中使用。

元素属性的写法如图 1-5 所示。

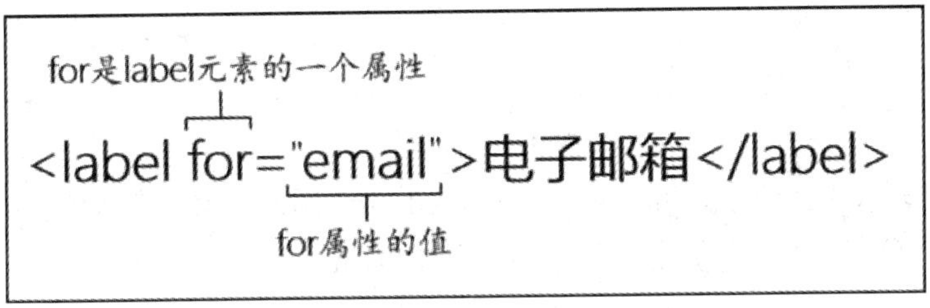

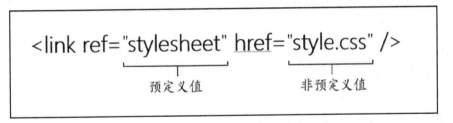

图 1-5　元素属性的写法

在 HTML5 中，属性值两边的引号是可选的，但是程序员习惯上还是会写上，因此建议始终写上引号。和元素的名称一样，尽量使用小写字母编写属性的名称。

有的元素可以有多个属性，如图 1-6 所示。

<link ref="stylesheet" href="style.css" />

预定义值　　　非预定义值

图 1-6　元素的多个属性

在有多个属性的元素中，属性与属性之间以空格分隔，属性的顺序不影响属性在元素中的含义。有的属性可以接受任何值；有的则有限制，只能是预定义的值，也就是说必须从一个事先定义好的值的列表中选择一个值。

有许多属性的值需要设置为数字，特别是那些描述大小和长度的属性。数字值无需包含单位，只需输入数字本身；图像和视频的宽度和高度是有单位的，默认为像素。

有的属性用于引用其他文件，它们智能地包含 URL(统一资源定位符，是万维网上文件的唯一地址)形式的值。

最后，还有一种特殊的属性称为布尔属性(boolean attribute)。这种属性的值是可选的，因为只要属性中出现就表示其值为真。如果一定要包含一个值，就写上属性名本身(这样做的效果是一样的)。布尔属性也是预先定义好的，无法自创。布尔属性示例如图 1-7 所示。

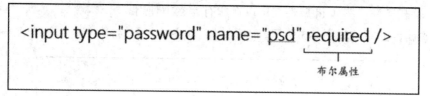

图 1-7　布尔属性

在图 1-7 所示的代码中，布尔属性 required 代表用户必须填写该输入项。布尔属性不需要属性值，如果一定要加上属性值，则写作 required="required"。

1.2.3　父元素和子元素

如果一个元素在其内容部分中包含另一个元素，那么该元素就是被包含元素的父元素，被包含元素称为子元素。子元素包含的任何元素都是外层的父元素的后代，如代码 1-3 所示。这种类似家谱的结构是 HTML 代码的关键特征，它有助于在元素上添加样式和应用 JavaScript 行为。

```
<article>
    <h1>兰花 （中国十大名花之一）</h1>
    <img src="Cymbidium.jpg"/>
</article>
```

代码 1-3　父元素和子元素

在这段代码中，article 元素是 h1、img 元素的父元素，反过来，h1 元素和 img 元素是 article 元素的子元素(也是后代)。

值得注意的是，当元素中包含其他元素时，每个元素都必须嵌套正确，也就是说子元素必须完全地包含在父元素中。使用结束标签时，前面必须有跟它成对的开始标签。换句话说，先开始元素 A，再开始元素 B，就要先结束元素 B，再结束元素 A，如图 1-8 所示。

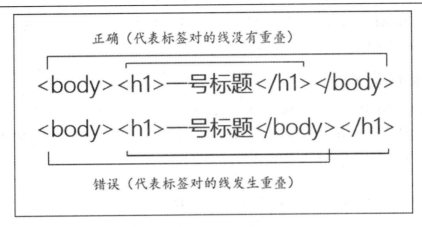

图 1-8　元素嵌套

1.3　HTML 的开发工具

经过上述两个小节的内容，相信读者已经对 HTML 有所了解。但是，在学习 HTML 的具体的元素，开始真正编写 HTML 程序之前，我们还需要稍微花一点篇幅来为大家介绍进行 HTML 开发所要使用的工具软件。

既然 HTML 程序是由纯文本编写的，由浏览器来识读成网页。那么从理论上来说，我们可以使用任意的文本编辑器(只要是可以向文件中输入文本的软件)来编写 HTML 代码(例如 Windows 操作系统自带的记事本应用)。但是在实际开发中，基于提升编程效率方面的考虑，HTML 程序员往往会选择适合自己的专门的工具软件来进行 HTML 代码的开发。

本节向大家介绍两款常用的 HTML 开发软件。

1.3.1　Dreamweaver CS6

Dreamweaver 是一款传统的、被广泛使用的网页开发软件。最初为美国 Macromedia 公司开发，后被 Adobe 公司收购，简称为 DW。

Dreamweaver 是集网页制作和网站管理于一身的、提供了所见即所得模式的网页代码编辑器。Dreamweaver 1.0 版发布于 1997 年 12 月，在被 Adobe 收购后，其版本号并入到 Adobe 系列产品的版本序列中，分别出现了 Dreamweaver CS 系列和目前的 Dreamweaver CC 系列。

Dreamweaver CS6 是 CS 系列中的最后一个稳定版本，当然，有兴趣的读者可以去下载、安装和使用最新版本的 Dreamweaver。

1.3.2　Sublime Text 3

Sublime Text 是由程序员 Jon Skinner 于 2008 年 1 月开发出来的轻量级的代码编辑器。Sublime Text 体积小、运行速度快，有优秀的可扩展性，以及大量实用的插件。Sublime Text 几乎可以用来编写任何语言的代码，因其本身的一些优秀特质、在 HTML 开发领域功能齐全，以及实用高效的插件而被很多 HTML 开发人员青睐。

Sublime Text 分为 Sublime Text 2 和 Sublime Text 3。这两者不是同一个软件前后两个版本的关系，而是并行的两个版本。目前，被广泛使用的是 Sublime Text 3。

1) 下载

可以在 Sublime Text 官网下载符合我们开发平台的安装文件。下载链接：http://www.sublimetext.com/3。

2) 安装

以 Windows 平台 64 位系统为例，双击运行安装文件。

3) 安装 Package Control

安装好 Sublime Text 之后，如果想要用得更称手，还需要安装一个基础的，也是 Sublime Text 必备的包管理工具，即 Package Control。

步骤一：Package Control 的安装网页链接是 https://packagecontrol.io/installation。

使用浏览器访问上述网址，在打开的页面上有在 Sublime Text 3 中安装 Package Control 的安装代码，选中并复制这段代码。

步骤二：在 Sublime Text 中选中菜单 "View" → "Show Console" 或者按组合键 "Ctrl + `"，则会在 Sublime Text 界面的底部出现一个命令输入框(Sublime 控制台)，然后将步骤一中复制的命令粘贴到输入控制台中，回车，等待，安装成功。

在安装 Package Control 的过程中有时会出现错误，但是安装仍然是成功的，并没有什么影响。如果安装失败，建议关掉 Sublime 然后再重复上面的操作。注意，在安装 Package Control 的过程中会有点卡顿。

4) 安装插件

Sublime Text 3 提供了丰富的插件，可以用来进行基于各种语言的编程。这里只介绍一个与 HTML 开发相关的插件，即 Emmet。

在 Sublime Text 3 中通过快捷键"Ctrl + Shift + P"可以打开命令面板，然后输入"pack"就会出现"Package Control:Install Package"的选项，如图 1-9 所示。

选中该选项并回车，稍作等待即可看见插件一览和搜索输入框，在输入框中输入"emmet"并回车，即开始安装 Emmet 插件。

安装完成后，需要重启 Sublime Text 3 使安装生效。

Sublime Text 3 和 Emmet 的使用技巧不在本书的讨论范围之内，读者可以通过互联网进行相关资料的收集和学习，最重要的还是在平时的编码过程中不断积累使用经验，相信不用太多时间，即可熟练掌握。

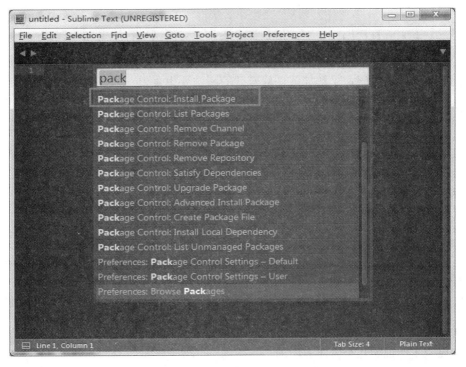

图 1-9　Sublime Text 3 安装 Package Control 示意图

本书推荐使用 Sublime Text 3 来完成后续内容的学习。

第 2 章 HTML 的基本构造

2.1 规 划 网 站

可以一上来就直接编写网页，但是最好还是先对网站进行思考和规划。这样，在编写网站代码的时候程序员就不会迷失方向，而且也会减少将来修改代码的工作。比起简单地指导如何编写代码，了解如何创建有效的网站要更重要一些。

规划网站时需要考虑的问题：

- 确定为什么要创建这个网站，需要展示什么内容。
- 考虑网站的访问者。应该如何调整内容使之吸引这些访问者。
- 需要多少个页面，你希望网站是怎样的结构。你希望访问者以某种特定的次序浏览网站，还是希望访问者可以自由地探索。
- 画出网站结构的草图，确定你在每个页面希望呈现的内容。
- 为页面、图像和其他外部文件设计一个简单且一致的命名规则。

下面我们举例来分析规划网站的过程。

实例：某公司的门户网站。

如果你创立了一家以网站开发为主要业务的科技公司，那么在很大概率上你需要创建一个这家公司的门户网站。那么在规划你自己公司的门户网站(或者称为官网)时，你可以按照上述所说的几个方面去考虑。

首先，为什么要创建这个网站，需要展示什么内容。

这个问题有时显得显而易见，但是仔细探究起来可能又会各有不同。你的科技公司可能主要是为了让客户通过搜索引擎搜索相关业务(比如网站开发、网站建设)时可以搜索到你的公司，或者方便你在线下拓展的客户在与你沟通之后通过你公司的名称搜索到你的公司，从而了解你的公司的情况、规模或者实力，并选择你的公司来开发项目。

有的公司的网站本身就是其公司业务开展的平台，于是除了基本的情况介绍之外，更主要的是提供可以让客户在网站上完成与公司所有业务相关的内容(这样的公司现在比比皆是，比如说淘宝网等电子商务网站)。

根据你对这个问题思考得出的结论，你会更加清晰、有条理地整理出你需要在网站上展示的内容，比如关于公司情况的内容、关于公司业务的内容、关于公司动态的内容等。

其次，考虑网站的访问者，并相应地调整内容使之吸引这些访问者。明确了访问者的范围和侧重点，自然就可以有针对性地明确网页的内容。

科技公司的门户网站最主要的访问者是公司业务的潜在客户，这些客户想要了解的是公司的情况、技术实力、产品或者成熟的解决方案、报价等相关信息。

另外除了潜在客户，网站的访问者还有可能是公司的合作伙伴或者求职者。所以针对这些访问者，还需要在网站上提供公司的近况动态以及发布一些职位信息。

其三，确定网站的页面和结构，以及确定每个页面希望呈现的内容，并画出网站结构的草图，如图 2-1 所示。

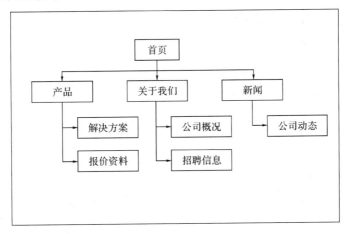

图 2-1　网站结构草图

最后需要说明的是，随着网站规模的增长、功能的增多，网站规划工作的难度也会相应地增大；随着对用户体验的重视，很多时候还会需要专业的界面设计师和交互设计师来设计漂亮的外观和优化用户的交互体验。所以，一个完整的网站规划设计工作往往是由创建者、使用者、规划师、界面设计师、交互设计师等多种角色参与的复杂的工作。对于简单的网站的规划设计，有的时候会一人身兼上述几种角色，但并不代表这几种角色的缺位。

网站的规划和设计是一项需要一定的专业知识和经验的工作，多数时候会由有经验的工程师团队来完成。如果你对万维网还不太熟悉，可以先上网逛逛，了解可能的网站形式，也可以从竞争对手的网站分析入手。

很多网站提供内容战略、用户体验、设计、开发等与建设网站相关的资源。如果你还没有成为设计师，只是一位设计新手，正在寻找网站设计方面的指导，那么 Jason Beaird 的《完美网页的视觉设计法则》(The Principles of Beautiful Web Design)和 Mark Boulton 的《Web 设计实战》(A Practical Guide to Designing for the Web)或许会对你有所帮助。

接下来，我们开始讨论构建文档基础和结构所需的 HTML 元素，即网页内容主要的语义化容器。

2.2 头部元素

首先简单回顾一下第 1 章的内容，HTML 页面分为两个部分，即 head 和 body，而 DOCTYPE 出现在每个页面的开头。

在文档的 head 部分，通常要做以下工作。

- 指明页面标题。
- 提供为搜索引擎准备的关于页面本身的信息。
- 加载样式表。
- 加载 JavaScript 文件(不过，处于性能考虑，多数时候在页面底部</body>标签结束前加载 JavaScript 是更好的选择)。

除了 title，其他 head 里的内容对于页面访问者来说都是不可见的。

每个 HTML 页面都必须有一个 title 元素，每个页面的标题都应该是简短的、描述性的。在大多数浏览器中，页面标题出现在窗口的标题栏和浏览器的标签页中。页面标题还会出现在访问者浏览历史列表和书签里。title 元素必须位于 head 部分，将它放在指定字符编码的 meta 元素后面。title 中不能包含任何格式、HTML、图像或者指向其他页面的链接。

更为重要的是，页面标题会被 Google、Bing、Baidu 等搜索引擎采用，从而能够大致了解页面内容，并将页面标题作为搜索结果中的链接显示。

2.3　结 构 元 素

body 元素包含着页面的内容，包括文本、图像、表格、表单、音频、视频以及其他交互式内容，也就是访问者看见的东西。

经常浏览各种网站的读者肯定已经访问过大量像图 2-2 所示的网站，抛开内容不谈，可以看到该页面有五个主要组件，即页眉、导航栏、显示次要信息的附注栏、显示主体内容的主区域以及页脚，如图 2-3 所示。

图 2-2　页面结构

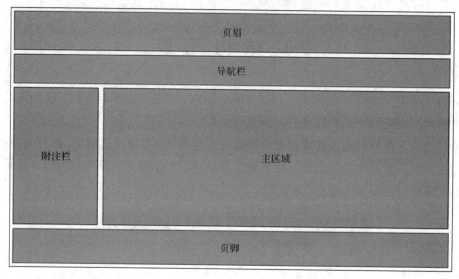

图 2-3　页面结构元素

一个普通的布局，顶部是页眉，然后是导航栏，左侧是附注栏，右侧是主内容，底部是页脚。要使页面成为图 2-3 所示的样子，需要添加 CSS。当然，图 2-3 所示的页面结构只是网站各种布局方式中的一种。页面的布局是为内容的展现服务的。

这些常规页面结构的语义都是非常相似的，与布局无关，本章大部分内容都会讲解这些结构。在学习页面结构元素的过程中，不必关心它们在图 2-3 所示示例布局中的位置(因为位置是由 CSS 来控制的，这方面的内容在后续章节中会有专门的讲解)，而应该关注它们的语义。

HTML5 提供了新的语义元素来明确一个 Web 页面的不同部分。

- <header>：描述了文档的头部区域，以及定义内容的展示区域。
- <nav>：定义导航链接的部分。
- <section>：定义文档中的节(section、区段)，比如章节、页眉、页脚或文档中的其他部分。section 通常包含了一组内容及其标题。
- <article>：定义独立的内容。
- <main>：定义主区域内容。
- <aside>：定义页面主区域内容之外的内容(比如侧边栏)。
- <footer>：定义文档的底部区域。一个页脚通常包含文档的作者、著作权信息、链接的使用条款、联系信息等。

2.3.1 页眉：header 元素

如果页面中有一块包含一组介绍性或导航性内容的区域，应该用 header 元素对其进行标记。

一个页面可以有任意数量的 header 元素，它们的含义可以根据上下文而有所不同。例如，处于页面顶端或接近这个位置的 header 可能代表整个页面的页眉(有时也称为页头)。通常，页眉包括网站标志(LOGO)、主导航和其他全站链接甚至搜索框。这是 header 元素最常见的使用形式，不过不是唯一的形式。页眉示例如代码 2-1 所示。

```
...
    <body>
        <header role="banner">
            <img src="logo.png" width="100" height="100"/>
            <h1>HTML5+CSS 网站建设科技有限公司</h1>
            <nav>
                站内搜索：<input type="text" name="keyword"><input type="button" value="GO！">
                <ul>
                    <li><a href="#">注册</a></li>
                    <li><a href="#">登录</a>  1 </li>
                </ul>
            </nav>
        </header>
    </body>
</html>
```

代码 2-1　页眉示例代码

代码 2-1 中的 header 元素代表整个页面的页眉，可选的 role="banner"并不适用于所有的页眉，它显式地指出该页眉为页面级的页眉，因此可以提高可访问性。

在代码 2-1 所示的页眉中，包含了一个 img 元素用于显示网站标识(LOGO 图片)，一个 h1 元素用于显示网站名称，一个 nav 元素用于显示网站级导航，该导航包括"站内搜索"和"注册"、"登录"两个超链接。

代码 2-1 所示的页面在浏览器中的显示如图 2-4 所示。

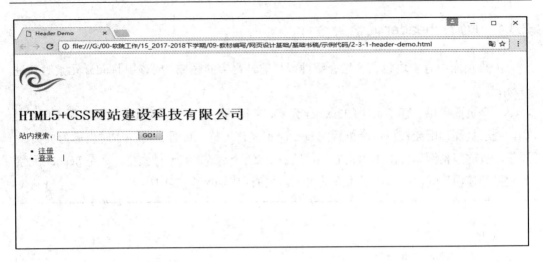

图 2-4　页眉示例

当然，这是在没有使用 CSS 来控制内容的样式的情况下，浏览器自动为页面内容进行的排版。如果给其加上简单的样式，可以显示成如图 2-5 所示的页面。

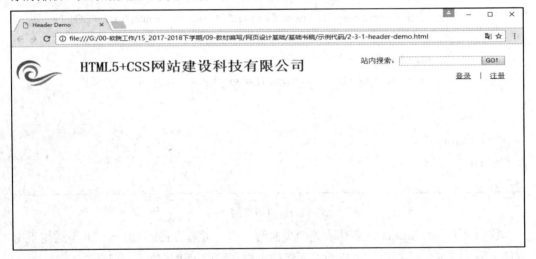

图 2-5　添加样式后的页眉示例

显然，这更符合我们日常所看到的网站的样子。至于如何使用 CSS 来控制页面内容的样式，我们将在后面的章节详细讨论。

header 不一定要像示例那样包含 nav 元素，不过在大多数情况下，如果 header 包含导航性链接，就可以使用 nav 元素。

不能在 header 里嵌套 footer 元素或另一个 header，也不能在 footer 或 address 元素里嵌套 header。

2.3.2　导航：nav 元素

HTML 早期的版本没有元素明确表示主导航链接的区域，而 HTML5 则有这样一个元素，即 nav。nav 字面上理解为"导航"，在 HTML5 中用于包裹一个导航链接组，用于显式地说明"这是一个导航组"。在同一个页面中可以同时存在多个 nav。nav 中的链接可以指向页面中的内容，如代码 2-2 所示；也可以指向其他页面或资源，或者两者兼而有之。无论是哪种情况，应该仅对文档中重要的链接组使用 nav。但并不是所有的链接组都需要使用 nav 包裹，这主要取决于链接组是不是用于导航(可理解为是不是在页面中充当导航这一角色)。

```
<!DOCTYPE html>
<html lang="en">
    <head>
        <meta charset="utf-8">
        <title>Nav Demo</title>
    </head>
    <body>
        <header role="banner">
            …
        </header>
        <nav role="navigation">
            <ul>
                <li><a href="#">核心业务</a></li>
                <li><a href="#">新闻动态</a></li>
                <li><a href="#">关于我们</a></li>
            </ul>
        </nav>
    </body>
</html>
```

代码 2-2　导航示例代码

代码 2-2 中的超链接(a 元素)代表一组重要的导航，因此将其放入一个 nav 元素中。role 属性并不是必需的，不过它可以提高可网页的访问性。将代码 2-2 所描述的 HTML 网页使用浏览器打开，看到的页面如图 2-6 所示。

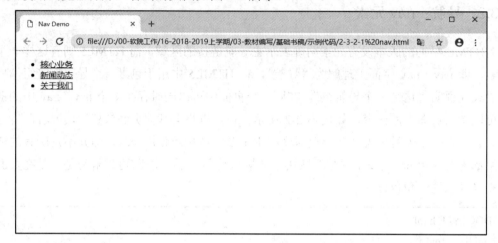

图 2-6　导航页面

可以看到，nav 元素并不会对其中的内容添加任何的样式。每个链接被包含在一个 li 元素中，圆点是 li 元素(列表项)的默认样式。

可以为图 2-6 所示页面加上适当的样式，使之看起来更像我们平时看到的网页中的导航栏的样子，如代码 2-3 所示。

```
<!DOCTYPE html>
<html lang="zh">
    <head>
        <meta charset="utf-8">
        <title>Nav Demo</title>
        <style>
            *{padding:0px; border:0px; margin:0px;}
            header{overflow: hidden;}
            img{float: left; margin-left:20px;}
            h1{float: left; padding-left: 35px; height: 100px; line-height: 100px;}
            ul {list-style: none;}
            input[type=text]{border: 1px solid #ccc;}
            input[type=text],input[type=button]{padding:6px;}
```

```
        #header-bar{float: right; margin-top:30px; margin-right: 30px;}

        #header-bar ul li{float: right;}

        nav ul{height:40px; background-color: #ccc;}

        nav li{float: left; width: 200px; height: 40px; background-color: #ccc; text-align: center;}

        nav li.active{background-color: #333;}

        nav li.active a{color: #fff;}

        nav li a{display: block; width: 100%; height: 40px; line-height: 40px; text-decoration: none;
color: #000; font-weight: bold;}

    </style>

  </head>

  <body>

    <header role="banner">

        <img src="logo.png" width="100" height="100"/>

        <h1>HTML5+CSS 网站建设科技有限公司</h1>

        <div id="header-bar">

        站内搜索：<input type="text" name="keyword"><input type="button" value="GO！">

            <ul>

                <li><a href="#">注册</a></li>

                <li><a href="#">登录</a>  1  </li>

            </ul>

        </div>

    </header>

    <nav role="navigation">

            <ul>

                <li class="active"><a href="#">核心业务</a></li>

                <li><a href="#">新闻动态</a></li>

                <li><a href="#">关于我们</a></li>

            </ul>

    </nav>

  </body>

</html>
```

代码 2-3　添加样式的导航

将代码 2-3 所描述的 HTML 页面使用浏览器打开，如图 2-7 所示。

图 2-7　添加样式的导航页面

HTML5 规范不推荐对辅助性的页脚链接(如"使用条款"、"隐私政策"等)使用 nav，这点不难理解。不过，有时页脚会再次显示顶级全局导航，或者包含"商店位置"、"招聘信息"等重要链接。在大多数情况下，我们推荐将页脚中的此类链接放入 nav 中。HTML5 不允许将 nav 嵌套在 address 元素中。

2.3.3　主区域：main 元素

一个页面只有一个部分代表其主要内容，可以将这个部分包在 main 元素中，该元素在一个页面中仅使用一次。最好在 main 开始标签中加上 role = "main"。不能将 main 放置在 article、aside、footer、header 或 nav 元素中。

同 p、header、footer 等元素一样，main 元素的内容显示在新的一行，除此之外该元素不会影响页面的任何样式。

2.3.4　区块：section 元素

section 元素代表文档或应用的一个一般的区块。在这里，section 是具有相似主题的一组内容，通常包含一个标题。section 的例子包含章节、标签式对话框中的各种标签页、论文中带编号的区块，比如网站的主页可以分成介绍、新闻条目、联系信息等区块。

尽管我们将 section 定义成"通用的"区块，但不要将它与 div 元素(参见 2.3.7)混淆。从语义上讲，section 标记的是页面中的特定区域，而 div 则不传达任何语义。

2.3.5　附注：aside 元素

有时候，页面中有一部分内容与主体内容的相关性没有那么强，但可以独立存在，如何在语义上表示出来呢？在 HTML5 之前一直无法显式地做到这一点。在 HTML5 中，我们有了 aside 元素。

使用 aside 的例子还包括重要引述、侧栏、指向相关文章的一组链接(通常针对新闻网站)、广告、nav 元素组(如博客的友情链接)、Twitter 源、相关产品列表(通常针对电子商务网站)等。尽管我们很容易将 aside 元素看做侧栏，但其实该元素可以用在页面的很多地方，具体依上下文而定。

2.3.6　页脚：footer 元素

提到页脚时，大家一般会想到位于页面底部的页脚(通常包括版权声明，可能还包括指向隐私政策页面的链接以及其他类似的内容)。HTML5 的 footer 元素可以用在这样的地方，而且同 header 一样，它还可以用在其他地方。

footer 元素代表嵌套它的最近的 article、aside、blockquote、body、details、fieldset、figure、nav、section 或 td 元素的页脚，且只有当它最近的祖先是 body 时，它才是整个页面的页脚。

2.3.7　通用容器：div 元素

有时需要在一段内容外包裹一个容器，从而可以为其应用 CSS 样式或 JavaScript 效果。如果没有这个容器，页面就会不一样。在评估内容的时候，考虑使用 article、section、aside、nav 等元素时，却发现它们从语义上讲都不合适。此时真正需要的是一个通用容器，一个完全没有任何语义含义的容器。这个容器就是 div(来自 division 一词)元素。有了 div，就可以为其添加样式或 JavaScript 效果了。

div 元素自身没有任何默认样式，只是其包含的内容从新的一行开始。不过，可以对 div

添加样式以实现自己的设计。

在本章讲到的结构性元素中，div 是除了 h1～h6 以外唯一早于 HTML5 出现的元素。在 HTML5 之前，div 是包围大块内容(如页眉、页脚、主要内容、插图、附注栏等)从而可用 CSS 为之添加样式的不二选择。之前的 div 没有任何语义含义，现在也一样，这就是 HTML5 引入 header、footer、main、article、section、aside 和 nav 的原因。

这些类型的构造块在网页中普遍存在，因此它们可以成为具有独立含义的元素。在 HTML5 中，div 并没有消失，只是使用它的场合变少了。不过，可以肯定的是，div 应该作为最后一个备用容器，因为它没有任何语义价值。大多数时候，使用 header、footer、main(仅使用一次)、article、section、aside 甚至 nav 代替 div 会更合适。但是，如果语义上不合适，也不必为了刻意避免使用 div 而使用上述元素。也有使用 div 的地方，只是需要限制其使用。

2.4　元素的 ID 和类别

在 HTML 中，允许对任何元素添加 id 属性和 class 属性。id 属性称为 HTML 元素的标识，而 class 属性称为 HTML 元素的类别。

为元素添加唯一的 ID，可以在元素的开始标签中输入 id="name"，其中 name 是唯一标识该元素的名称。name 几乎可以是任何字符，但不能以数字开头且不包含空格。

在元素的开始标签中输入 class="name"，其中 name 是类别的名称。如果要指定多个类别，用空格将不同的类别名称分开即可，如 class="name anothername"。(可以指定两个以上的类别名称)

通过 id 或 class 可以为元素添加样式。

id 和 class 属性可以应用于任何 HTML 元素，元素可以同时拥有 id 和任意数量的class。

不管如何使用 id 和 class，都应该为它们选择有意义的名称。例如，如果使用 class是出于格式化目的，应避免使用描述表现样式的名称，如 class="red"，因为你可能在下周决定将配色方案改为蓝色。尽管在 CSS 中对分配给某一类元素的颜色进行修改是相当容易的，但这样做会导致你的 HTML 拥有一个名为红色却实际呈现为另一种颜色的class。同时，改变 HTML 中所有的 class 通常是一项繁琐的工作，这点在开始学习 CSS之后感受尤为明显。

2.5　注　　释

可以在 HTML 文档中添加注释，表明区块开始和结束的位置，提醒自己(或未来的代码编辑者)某段代码的意图，或者阻止内容显示等，如代码 2-4 所示。

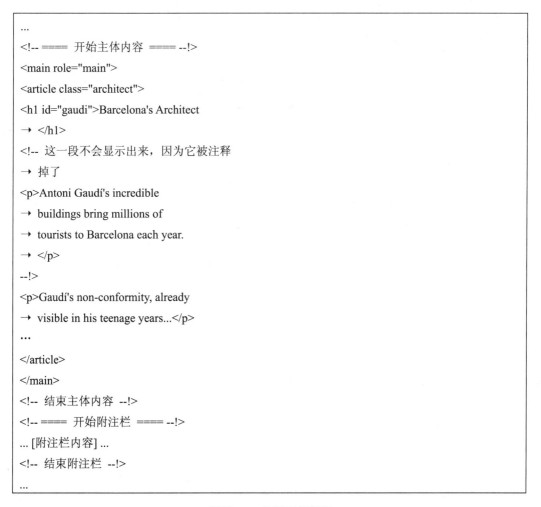

```
...
<!-- ==== 开始主体内容 ==== --!>
<main role="main">
<article class="architect">
<h1 id="gaudi">Barcelona's Architect
→ </h1>
<!-- 这一段不会显示出来，因为它被注释
→ 掉了
<p>Antoni Gaudí's incredible
→ buildings bring millions of
→ tourists to Barcelona each year.
→ </p>
--!>
<p>Gaudí's non-conformity, already
→ visible in his teenage years...</p>
...
</article>
</main>
<!-- 结束主体内容 --!>
<!-- ==== 开始附注栏 ==== --!>
... [附注栏内容] ...
<!-- 结束附注栏 --!>
...
```

代码 2-4　注释示例代码

这些注释只会在用文本编辑器或浏览器的"查看源代码"选项打开文档时显示出来，

访问者在浏览器中是看不到它们的。

这段示例代码包括五个注释，其中有四个一起标记了两个区块的开始和结束位置。另一个"注释掉"了第一段，这样它就不会显示在页面中(如果希望永久性地移除该段，最好将它从 HTML 中删除)。

注释不能嵌套在其他注释里。

第 3 章　HTML 中的文本

文本是网页上最基本的部分。用过文字处理软件(例如记事本或者 word)的读者应该一定输入过文本。不过，HTML 页面中的文本与文字处理软件相比有一些重要的差异，具体如下。

首先，浏览器呈现 HTML 时，会把文本中的多个空格或者制表符压缩成单个空格，把回车符和换行符转换成单个空格，或者将它们一起忽略。

其次，HTML 过去只能使用 ASCII 字符，而 ASCII 只包括英文字母、数字和英文标点符号。开发人员必须用特殊的字符引用来创建重音字符和许多日常符号，如%copy;(表示©)。

Unicode 极大地改善了特殊字符问题。用 utf-8 对页面进行编码，并用同样的编码保存 HTML 文件已成为一种标准做法。推荐读者也这样做。

3.1　分　级　标　题

HTML 提供了六级标题用于创建页面信息的层级关系。使用 h1、h2、h3、h4、h5 或 h6 元素对各级标题进行标记，其中 h1 是最高级别的标题，h2 是 h1 的子标题，h3 是 h2 的子标题，以此类推。

为简洁起见，本书使用 h1～h6 表示这些元素，不再逐一列出。为了理解 h1～h6 这六级标题，可以将它们比作学期论文、销售报告、新闻报道、产品手册等非 HTML 文档里的标题。撰写这些文章时，会根据需要为内容的每个主要部分指定一个标题和任意数量的子标题(以及子标题的子标题等)。总之，这些标题代表了文档的大纲。

对任何页面来说，分级标题都可以说是最重要的 HTML 元素。由于标题通常传达的是页面的主题，因此对搜索引擎而言，如果标题与搜索词匹配，这些标题就会被赋予很高的权重，尤其是等级最高的 h1(但这并不是说页面中的 h1 越多越好)。

可编码观察<h1>～<h6>这六级标题标签在网页中的显示效果，具体可参见代码 3-1。

```
<!DOCTYPE html>
<html lang="en">
    <head>
        <meta charset="utf-8">
        <title>分级标题</title>
    </head>
    <body>
        <h1>This   is   heading   1</h1>
        <h2>This   is   heading   2</h2>
        <h3>This   is   heading   3</h3>
        <h4>This   is   heading   4</h4>
        <h5>This   is   heading   5</h5>
        <h6>This   is   heading   6</h6>
    </body>
</html>
```

代码 3-1　分级标题代码

代码 3-1 的显示效果如图 3-1 所示。

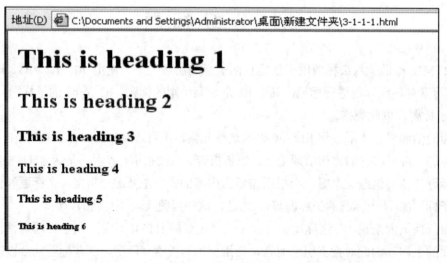

图 3-1　分级标题示例

3.2　段　　落

HTML 会忽略在文本编辑器中输入的回车符和其他额外的空格。因此，要在网页中开始一个新的段落，应该使用 p 元素。

未添加<p>标签的示例如代码 3-2 所示。

```
<!DOCTYPE html>
<html lang="en">
    <head>
        <meta charset="utf-8">
        <title>段落标签</title>
    </head>
    <body>
        这是第一段文字
        这是第二段文字
        这是第三段文字
    </body>
</html>
```

代码 3-2　未添加<p>标签的示例

代码 3-2 的显示效果如图 3-2 所示。

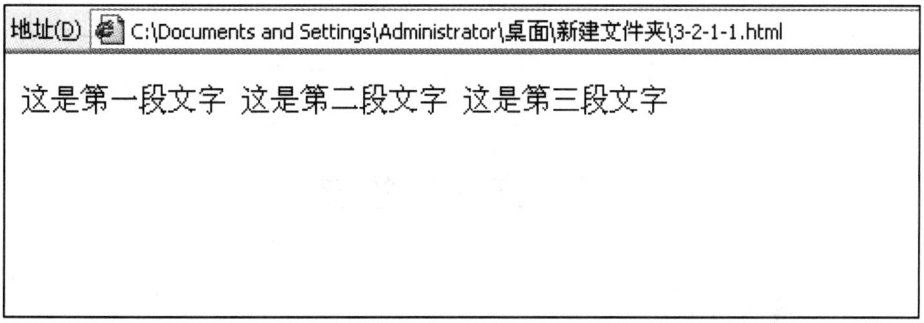

图 3-2　未添加<p>标签的显示效果

以上效果要真正实现换段功能，需要添加<p>标签，如代码 3-3 所示。

```
<!DOCTYPE html>
<html lang="en">
    <head>
        <meta charset="utf-8">
        <title>段落标签</title>
    </head>
    <body>
        <p>这是第一段文字</p>
        <p>这是第二段文字</p>
        <p>这是第三段文字</p>
    </body>
</html>
```

代码 3-3　添加<p>标签的示例代码

代码 3-3 的显示效果如图 3-3 所示。

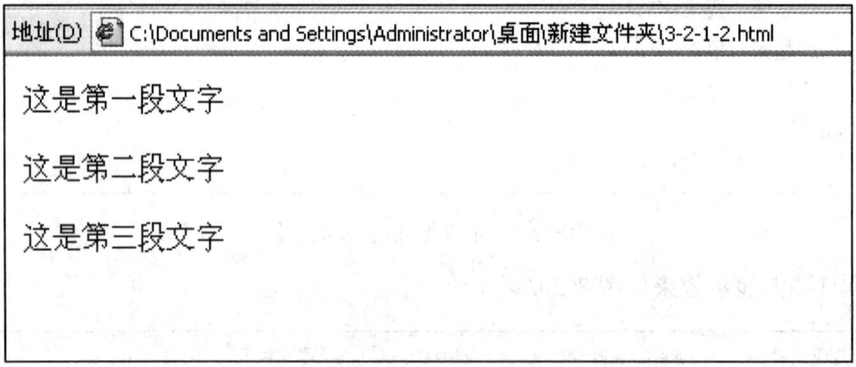

图 3-3　添加<p>标签后的效果

3.3　文　本　格　式

3.3.1　文本对齐方式

文本对齐方式一般包含三种：左对齐、居中对齐和右对齐。设置对齐方式，需要用

到 align 属性，例如<p align=参数>

　　其中，align 是<p>标签的属性，该属性有三个参数 left、center、right，分别代表左、中、右三种对齐方式。文本对齐方式具体实例如代码 3-4 所示。

```
<!DOCTYPE html>
<html lang="en">
    <head>
        <meta charset="utf-8">
        <title>文字对齐方式</title>
    </head>
    <body>
        <p align="left">第一段文字左对齐</p>
        <p align="center">第二段文字居中对齐</p>
        <p align="right">第三段文字右对齐</p>
    </body>
</html>
```

代码 3-4　文本对齐方式代码示例

　　代码 3-4 主要在<p>标签内增加了 align 属性，其显示效果如图 3-4 所示。

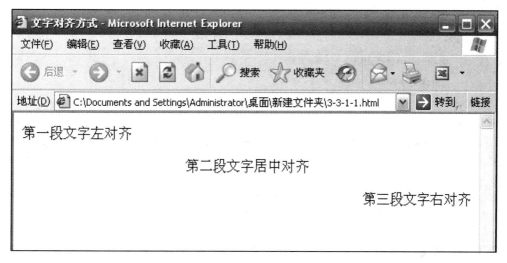

图 3-4　对齐方式的显示效果

3.3.2 文字的字体、大小、颜色

<font>标签用于文字的字体、大小和颜色，其控制方式是利用属性来实现的。<font>标签的基本属性如表 3-1 所示。

表 3-1　<font>标签的基本属性

属　　性	使用功能	默　认　值
face	设置字体	宋体
size	设置字体大小	3
color	设置字体颜色	黑色

其基本格式如下：

```
<font  face="值 1"  size="值 2"  color="值 3">文字</font>
```

注意：多个属性之间应用空格隔开。如果用户的系统中没有 face 属性所指的字体，则将使用默认字体；size 属性的取值为 1～7，也可以用"+"，"−"来设置字体大小的相对值；color 属性的值可为 rgb 颜色、"#nnnnnn"或者颜色的名称。

举例：将段落的文字格式设置成黑体、红色，大小为 7，可参见代码 3-5。

```
<!DOCTYPE html>
<html lang="en">
    <head>
        <meta charset="utf-8">
        <title>文字样式</title>
    </head>
    <body>
        <p><font face="黑体" color="red" size="7">文字格式为黑体、红色，大小为 7</font></p>
    </body>
</html>
```

代码 3-5　文字样式代码

3.3.3 特殊文字标签

在有关文字的显示中，常常会使用一些特殊的字形或字体来强调、突出、区别，以

达到提示的效果。特殊文字标签具体的内容如表 3-2 所示。

表 3-2　特殊文字标签及描述

标　签	描　述	标　签	描　述
\<b\>	定义粗体文本	\<strong\>	定义加重语气
\<big\>	定义大号字	\<sub\>	定义下标字
\<em\>	定义着重字体	\<sup\>	定义上标字
\<i\>	定义斜体字	\<ins\>	定义插入字
\<small\>	定义小号字	\<del\>	定义删除字

3.4　换行与分隔线

换行标签是单标签，不需要成对出现，标签是\<br/\>。在 HTML 文件中的任何位置只要使用了\<br/\>标签，当文件显示在浏览器中时，该标签之后的内容将显示在下一行。

分隔线又叫水平线，标签是\<hr/\>。\<hr/\>标签也是单标签，用于在页面中创建水平线，一般用来分隔文章中的小节。

换行、换段、分隔线举例如代码 3-6 所示。

```
<!DOCTYPE html>
<html lang="en">
    <head>
        <meta charset="utf-8">
        <title>文字对齐方式</title>
    </head>
    <body>
        <p>hr 标签定义水平线</p>
        <hr/>
        <p>这里是分段</p>
        <p>这里是分段</p>
        这里是分行<br/>
        这里是分行<br/>
        这里是分行<br/>
```

```
    </body>
</html>
```

代码 3-6　换行、换段、分隔线

代码 3-6 的显示效果如图 3-5 所示。

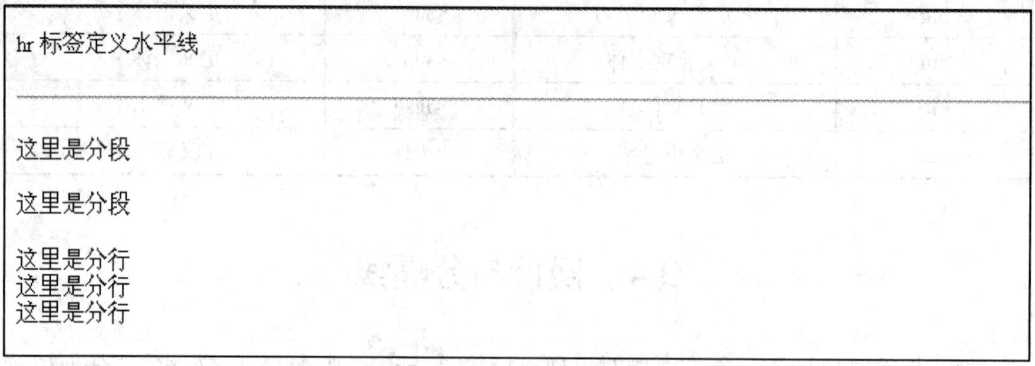

---

hr 标签定义水平线

这里是分段

这里是分段

这里是分行
这里是分行
这里是分行

图 3-5　换行、换段、分隔线的显示效果

分隔线还可以设置线条的粗细、长短和颜色等，其基本语法如下。

```
<hr size="5" color="red" width="50%" align="left" />
```

3.5　特殊字符元素

常用的特殊字符如表 3-3 所示。

表 3-3　常用的特殊字符

编　码	符　号	含　义
		空格
&copy	©	版权号
&reg;	®	已注册
&trade;	™	商标
&quot;	"	引号
&lt;	<	小于号
&gt;	>	大于号

3.6　列表元素

在 HTML 页面中，合理地使用列表标签可以起到提纲和格式排列文件的作用。

列表分为三类：有序列表、无序列表和自定义列表，下面分别介绍这三种列表格式。

3.6.1　有序列表

有序列表就是各列数据之间是有顺序的，比如 1、2、3、…一直延伸下去。有序列表标签是<ol>，每个列表项始于<li>标签。有序列表的基本语法如下：

```
<ol >
    <li>列表项内容</li>
    <li>列表项内容</li>
        …
</ol>
```

举例：代码 3-7 最终在浏览器中的网页效果如图 3-6 所示。

```
<!DOCTYPE html>
<html lang="en">
    <head>
        <meta charset="utf-8">
        <title>有序列表</title>
    </head>
    <body>
        <h4>注册步骤：</h4>
        <ol>
            <li>填写信息</li>
            <li>收电子邮件</li>
            <li>注册成功</li>
        </ol>
    </body>
</html>
```

代码 3-7　有序列表代码

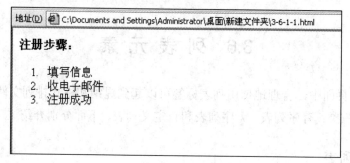

图 3-6　有序列表效果

有序列表排序除了可以数字排序，也可以以字母、阿拉伯数字等排序，只需要在<ol>标签内添加 type 属性即可，如<ol type="A">，<ol type="I">。

3.6.2　无序列表

无序列表是一个项目列表，此列项目使用粗体圆点(典型的小黑圆圈)进行标记。无序列表标签是<ul>，每个列表项始于<li>。代码 3-8 展示了三种不同类型的无序列表项，其效果图如图 3-7 所示。

```
<!DOCTYPE html>
<html lang="en">
    <head>
            <meta charset="utf-8">
            <title>无序列表</title>
    </head>
    <body>
        <h4>Disc 项目列表符号：</h4>
        <ul type="disc">
            <li>苹果</li>
            <li>香蕉</li>
            <li>柠檬</li>
            <li>橘子</li>
        </ul>
        <h4>Circle 项目列表符号：</h4>
        <ul type="circle">
            <li>苹果</li>
```

```
        <li>香蕉</li>
        <li>柠檬</li>
        <li>橘子</li>
    </ul>
    <h4>Square 项目列表符号</h4>
    <ul type="square">
        <li>苹果</li>
        <li>香蕉</li>
        <li>柠檬</li>
        <li>橘子</li>
    </ul>
    </body>
</html>
```

代码 3-8　无序列表代码

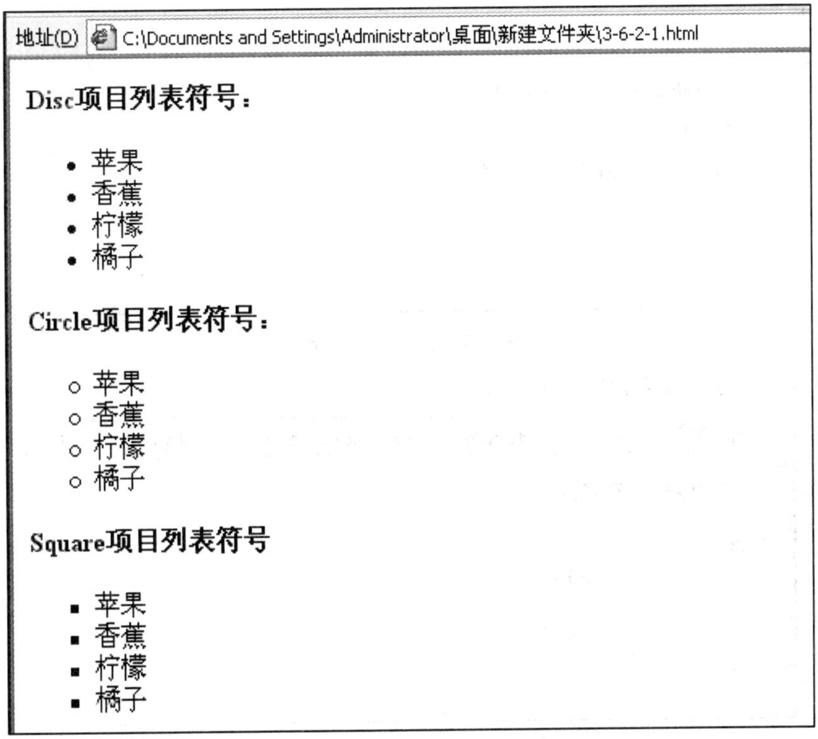

地址(D)　C:\Documents and Settings\Administrator\桌面\新建文件夹\3-6-2-1.html

Disc项目列表符号：

- 苹果
- 香蕉
- 柠檬
- 橘子

Circle项目列表符号：

○ 苹果
○ 香蕉
○ 柠檬
○ 橘子

Square项目列表符号

■ 苹果
■ 香蕉
■ 柠檬
■ 橘子

图 3-7　无序列表运行效果

3.6.3 自定义列表

自定义列表不仅仅是一列项目，更是项目及其注释的组合。自定义列表以<dl>标签开始。每个自定义列表项以<dt>开始，每个自定义列表项的定义以<dd>开始。自定义列表具体实例如代码 3-9 所示。

```
<!DOCTYPE html>
<html lang="en">
    <head>
        <meta charset="utf-8">
        <title>自定义列表</title>
    </head>
    <body>
        <h4>一个自定义列表：</h4>
        <dl>
            <dt>Coffee</dt>
                <dd>Black hot drink</dd>
            <dt>Milk</dt>
                <dd>White cold drink</dd>
        </dl>
    </body>
</html>
```

代码 3-9　自定义列表代码

代码 3-9 的网页效果如图 3-8 所示。

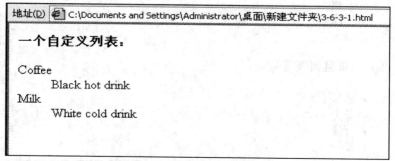

图 3-8　自定义列表效果图

3.7　span 元素

<span>标签被用来组合文档中的行内元素。举例如下：

```
<p><span>提示：</span>span 元素用法举例</p>
```

如果不对 span 应用样式，那么 span 元素中的文本与其他文本在视觉上不会有任何的差异。尽管如此，上例中的 span 元素仍然为 p 元素增加了额外的结构。

可以为 span 应用 id 或 class 属性，这样既可以增加适当的语义，又便于对 span 应用样式。这点在 CSS 样式章节中有详细的介绍。

若希望上例 p 段落中的文字"提示："跟同行其他文字在显示上不一样，例如文字变红色且加粗显示，则可设计代码 3-10。

```html
<!DOCTYPE html>
<html lang="en">
    <head>
        <meta charset="utf-8">
        <title>span 元素</title>
        <style type="text/css">
            .tip{
                color: red;
                font-weight: bold;
            }
        </style>
    </head>
    <body>
        <p><span class="tip">提示：</span>span 元素用法举例</p>
    </body>
</html>
```

代码 3-10　span 元素代码

代码 3-10 的网页效果如图 3-9 所示。

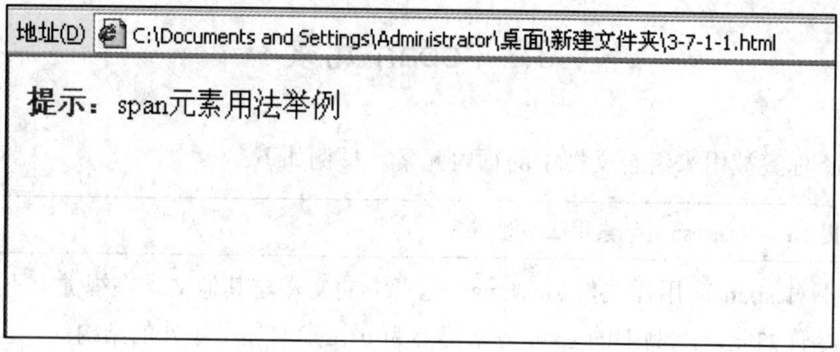

图 3-9　span 元素显示效果

第 4 章　HTML 中的图像

图像可以使 HTML 页面美观生动且富有生机。浏览器可以显示的图像格式有 jpeg(又称为 jpg)、bmp、gif。其中 bmp 文件存储空间大、传输慢，不提倡使用；而 jpeg 和 gif 格式的图像相比较，jpeg 图像支持数百万种颜色，即使在传输过程中丢失数据，也不会在质量上有明显的不同，且占位空间比 gif 图像的大；gif 图像仅包括 265 种色彩，虽然质量上没有 jpeg 图像的高，但占位储存空间小、下载速度最快，而且支持动画效果及背景色透明。因此，美化页面可视情况决定使用哪种图像格式。

4.1　插　入　图　像

在 HTML 中，图像由<img>标签定义。定义图像的语法如下：

```
<img src="url" width="100" height="50" alt="图片说明文字"/>
```

其完整属性及描述如表 4-1 所示。

表 4-1　图像标签属性和描述

属　性	描　　　述
src	图像的 URL 的路径
alt	提示文字
width	宽度。通常只设为图像的真实大小以免失真，改变图像大小最好用图像工具
height	高度。通常只设为图像的真实大小以免失真，改变图像大小最好用图像工具
dynsrc	avi 文件的 URL 的路径
loop	设定 avi 文件循环播放的次数
loopdelay	设定 avi 文件循环播放延迟时间

属　性	描　　述
start	设定 avi 文件的播放方式
lowsrc	设定低分辨率图像。若所加入的是一张很大的图像，可先显示图像
usemap	映像地图
align	图像和文字之间的排列属性
border	边框
hspace	水平间距
vlign	垂直间距

URL 指图像存储的位置。如果名为"boat.gif"的图像位于 www.baidu.com 的 images 目录中，那么其 URL 为 http://www.baidu.com/images/boat.gif。

在浏览器无法载入图像时，提示文字属性(alt 属性)告诉读者们失去的信息。为页面上的图像都加上提示文字属性是个好习惯，这样有助于更好地显示信息，并且对于那些使用纯文本浏览器的浏览者来说是非常有用的。

例如在网页中插入图像，并设置图像说明文字，其参考代码如代码 4-1 所示。

```
<!DOCTYPE html>
<html lang="en">
    <head>
        <meta charset="utf-8">
        <title>为图像添加提示性文字</title>
    </head>
    <body>
        <img src="images/adv_2.jpg" alt="明星演唱会开幕" width="300" height="150"/>
    </body>
</html>
```

代码 4-1　网页插入图像代码

代码 4-1 的显示效果如图 4-1 所示。

图 4-1　插入图像效果

4.2　绝对路径与相对路径

4.2.1　绝对路径

绝对路径是指文件在硬盘上真正存在的路径。例如图像"bg.jpg"是存放在硬盘的"E:\book\网页布局\代码\第 2 章"目录下，那么图像"bg.jpg"的绝对路径就是"E:\book\网页布局\代码\第 2 章\bg.jpg"。如果要使用绝对路径指定网页的背景图像，应该使用以下语句：

```
<body background="E:\book\网页布局\代码\第 2 章\bg.jpg" >
```

事实上，在网页编程时，很少会使用绝对路径，因为如果使用"E:\book\网页布局\代码\第 2 章\bg.jpg"来指定背景图像的位置，在自己的计算机上浏览可能会一切正常，但是上传到 Web 服务器上浏览图像很有可能无法显示。因为上传到 Web 服务器上时，整个网站可能并没有放在 Web 服务器的 E 盘，有可能是 D 盘或 H 盘；即使放在 Web 服务器的 E 盘里，E 盘里也不一定会存在目录"E:\book\网页布局\代码\第 2 章"，因此在浏览网页时图像是不会显示的。

4.2.2　相对路径

为了避免这种情况的发生，在网页里指定文件时，通常都会选择使用相对路径。所谓相对路径，就是相对于自己的目标文件的位置。例如文件"s1.html"引用了图像"bg.jpg"，由于图像"bg.jpg"相对于"s1.html"来说是在同一个目录的，那么在文件"s1.html"里使用以下代码后，只要这两个文件的相对位置没有改变(也就是说还是在同一个目录内)，那么无论上传到 Web 服务器的哪个位置，在浏览器里都能正确地显示。

```
<body background="bg.jpg">
```

再举一个例子，假设文件"s1.html"所在目录为"E:\book\网页布局\代码\第 2 章"，而图像"bg.jpg"所在目录为"E:\book\网页布局\代码\第 2 章\img"，那么图像"bg.jpg"相对于文件"s1.html"来说，是在其所在目录的"img"子目录里，则引用图像的语句如下：

```
<body background="img/bg.jpg">
```

4.3 修改图像大小

可修改图像的高度和宽度属性将图像调整为不同的尺寸，如代码 4-2 所示。

```
<!DOCTYPE html>
<html lang="en">
    <head>
            <meta charset="utf-8">
            <title>修改图像大小</title>
    </head>
    <body>
         <img src="images/eg_mouse.jpg" width="50" height="50"/>
        <br/>
        <img src="images/eg_mouse.jpg" width="100" height="100"/>
        <br/>
        <img src="images/eg_mouse.jpg" width="200" height="200"/>
        <p>通过改变 img 标签的 "height" 和 "width" 属性的值，您可以放大或缩小图像。</p>
    </body>
</html>
```

代码 4-2 修改图像大小的代码

代码 4-2 的显示效果如图 4-2 所示。

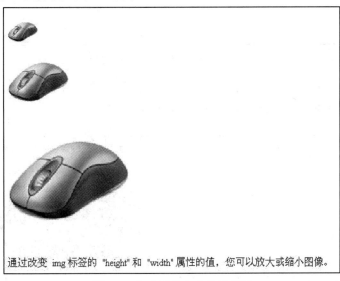

图 4-2　修改图像大小的效果图

4.4　制作图像链接

网页中插入图像后，可以给图像设置超链接，将图像作为超链接来使用，如代码 4-3 所示。

```
<!DOCTYPE html>
<html lang="en">
    <head>
        <meta charset="utf-8">
        <title>改变图像大小</title>
    </head>
    <body>
        <p>您也可以把图像作为链接来使用：
        <a href="example/html/lastpage.html">
            <img border="0" src="images/eg_buttonnext.gif"/>
        </a>
```

```
        </p>
    </body>
</html>
```

代码 4-3　图像插入超链接的代码

代码 4-3 使用了<img>标签来插入图片，并在图像标签前后增加了<a>标签(超链接)，其显示效果如图 4-3 所示，单击图片可以链接到另一个网页。

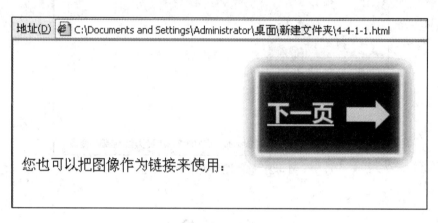

图 4-3　图像链接效果图

4.5　图像与文字的对齐方式

使用 HTML 编写网页时，可以通过 align 属性来设置图像与文字的对齐方式，如代码 4-4 所示。

```
<!DOCTYPE html>
<html lang="en">
    <head>
        <meta charset="utf-8">
        <title>图像与文字的对齐方式</title>
    </head>
    <body>
        <a href="star.html">
```

```
        <img align="middle" src="images/adv_2.jpg" width="180" height="95" border="0"/>
        </a>请点击广告进入明星专区
    </body>
</html>
```

代码 4-4　　图像与文字的对齐方式

代码 4-4 的显示效果如图 4-4 所示。

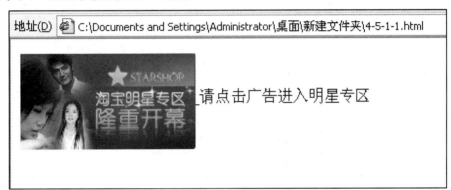

图 4-4　　图像与文字对齐的效果

图像与文字的对齐方式除了居中对齐方式即 align="middle"外，还可以取 top、bottom
值，代表图像与文字顶部对齐、底部对齐。

4.6　创建图像映射

在 HTML 中，还可以把图像划分成多个热点区域，每一个热点区域可以链接到不同
的网页上。这种做法实质上是把一幅图像划分为不同的热点区域，再让不同的区域进行
超链接，这就是影像地图。完成地图区域超链接要用到三种标签，即<img>、<map>、
<area>。下面分别介绍这三种标签的用法。

影像地图(Image Map)标签的使用格式如下：

```
<img src="图形文件名" usemap="#图的名称"/>
```

插入图像时要在<img>标签中设置参数 usemap，以表示对图像地图(图的名称)的引
用，用<map>标记设定图像地图的作用区域，并用 name 属性为图像起一个名字。使用

格式如下：

```
<map  name="图的名称">
<area  shape="形状" coords="区域坐标列表" href="url 资源地址">
<--可根据需要定义多少个热点区域-->
<area  shape="形状" coords="区域坐标列表" href="url 资源地址">
</map>
```

(1) shape：定义热点形状。

· shape=rect：矩形。

· shape=circle：圆形。

· shape=poly：多边形。

(2) coords：定义区域点的坐标。

· 矩形：必须使用四个数字，前两个数字为左上角坐标，后两个数字为右下角坐标。

```
<area shape="rect" coords="100,50,200,75" href="url">
```

· 圆形：必须使用三个数字，前两个数字为圆心坐标，最后一个数字为半径长度。

```
<area shape="circle" coords="85,155,30" href="url">
```

· 任意图形(多边形)：将图形的每一转折点坐标依序填入。

```
<area shape="poly" coords="232,70,285,70,300,90,250,90,200,78" href="url">
```

在制作本章介绍的效果时应注意：

(1) 在<img>标签中不要忘记设置参数 usemap，且 usemap 的值必须与<map>标签中 name 的值相同。也就是说，"图像地图名称"要一致。

(2) 同一"图像地图"中的所有热点区域都要在图像地图的范围内，即所有<area>标签均要在<map>与</map>之间。

(3) 在<area>标签中参数 coords 设定的坐标格式要与参数 shape 设定的作用区域形状配套，避免出现在参数 shape 中设置矩形作用区域，而在参数 coords 中设置的却是多边形区域顶点坐标的现象。

第 5 章　HTML 中的表格

在日常生活中，我们对表格式数据已经很熟悉了。这种数据有多种形式，如财务数据、调查数据、事件日历、公交车时刻表、电视节目表等。在大多数情况下，这类信息都由列标题或行标题加上数据构成。

本章将对 table 元素及其子元素进行讲解，重点是 table 的基本结构和样式。HTML 表格可以很复杂，不过实际中很少需要实现特别复杂的表格(除非是具有丰富数据的网站)。

电子表格中的信息通常很适合用 HTML 表格来呈现。从基本层面来看，table 元素是由行组成的，行又是由单元格组成的；每个行(tr)都包含标题单元格(th)或数据单元格(td)，或者同时包含这两种单元格。如果认为为整个表格添加标题有助于访问者理解该表格，则可以为表格添加标题(caption)。在浏览器中，标题通常显示在表格上方，其用途显而易见。

5.1　简　单　表　格

5.1.1　表格的基本语法、属性

在 HTML 文档中，表格是通过<table>、<th>、<tr>、<td>标签来完成的。各标签的含义如表 5-1 所示。

表 5-1　表格标签

标　签	描　述
<table>	用于定义表格的开始和结束
<th>	定义表头单元格，表格中的文字粗体居中显示。也可以不用此标签
<tr>	定义行标签
<td>	定义单元格(列)标签

表格的基本语法如下：

```
<table border="1">
    <tr>
        <td>单元格内容</td>
        <td>单元格内容</td>
    </tr>
</table>
```

<table>标签有很多属性，最常用的属性如表 5-2 所示。

表 5-2　<table>标签属性

属　　性	描　　述
width	表格的宽度
height	表格的高度
align	表格在页面中的水平对齐方式
background	表格的背景图像
bgcolor	表格的背景颜色
border	表格边框的厚度
bordercolor	表格边框的颜色
cellspacing	单元格与单元格间距
cellpadding	单元格内容与单元格边界之间的距离

<tr>、<td>标签也有相应的属性，常用的属性如表 5-3 所示。

表 5-3　<tr>、<td>标签属性

属　　性	描　　述
align	水平对齐方式
valign	垂直对齐方式
bgcolor	背景颜色
bordercolor	边框颜色
bordercolorlight	亮边框颜色
bordercolordark	暗边框颜色

5.1.2　简单表格举例

(1) 请用 HTML 表格完成图 5-1 所示效果图。

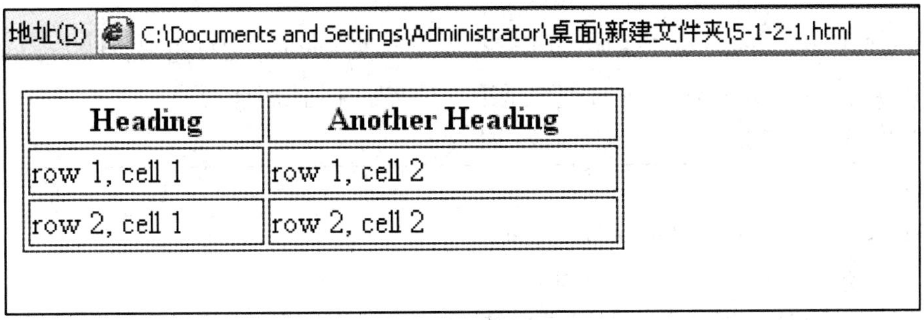

地址(D)	C:\Documents and Settings\Administrator\桌面\新建文件夹\5-1-2-1.html

Heading	**Another Heading**
row 1, cell 1	row 1, cell 2
row 2, cell 1	row 2, cell 2

图 5-1　表格效果图 1

要实现图 5-1 所示表格可参见代码 5-1。

```
<!DOCTYPE html>
<html lang="en">
    <head>
        <meta charset="utf-8">
        <title>简单表格</title>
    </head>
    <body>
        <table border="1" width="300px"bordercolor="red">
            <tr>
                <th>Heading</th>
                <th>Another Heading</th>
            </tr>
            <tr>
                <td>row 1, cell 1</td>
                <td>row 1, cell 2</td>
            </tr>
            <tr>
                <td>row 2, cell 1</td>
                <td>row 2, cell 2</td>
            </tr>
```

```
        </table>
    </body>
</html>
```

代码 5-1　简单表格 1

代码 5-1 中，<table>标签中添加了表格宽度属性 width、边框粗细属性 border 以及边框颜色属性 bordercolor；<th>标签用于第一行文字加粗居中显示。

(2) 阅读代码 5-2，并查看其显示效果。

```
<body>
    <table border="2" width="400px" bordercolor="blue">
        <caption>Quarterly Financials for
            1962-1964 (in Thousands)</caption>
        <thead> <!-- 表格头部!-->
            <tr>
                <th scope="col">Quarter</th>
                <th scope="col">1962</th>
                <th scope="col">1963</th>
                <th scope="col">1964</th>
            </tr>
        </thead>
        <tbody> <!-- 表格主体 --!>
            <tr>
                <th scope="row">Q1</th>
                <td>$145</td>
                <td>$167</td>
                <td>$161</td>
            </tr>
            <tr>
                <th scope="row">Q2</th>
                <td>$140</td>
                <td>$159</td>
                <td>$164</td>
            </tr>
        </tbody>
```

```
      <tfoot> <!-- 表格尾部!-->
          <tr>
              <th scope="row">TOTAL</th>
              <td>$595</td>
              <td>$648</td>
              <td>$664</td>
          </tr>
      </tfoot>
   </table>
</body>
```

代码 5-2　简单表格 2

代码 5-2 的显示效果如图 5-2 所示。

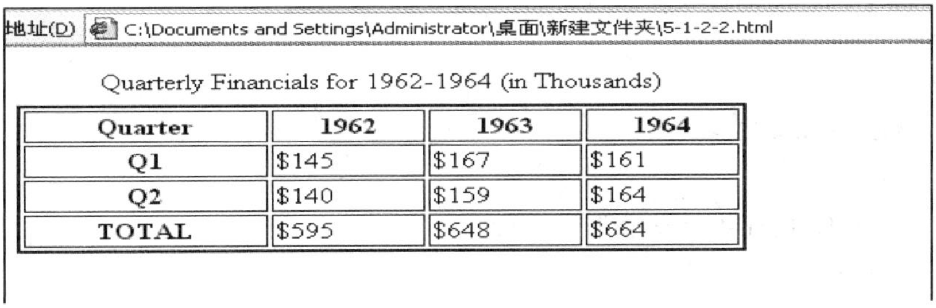

图 5-2　表格举例 2

本例通过指定<thead>、<tbody>和<tfoot>显式地定义了表格的不同部分；<caption>设置了表格的标题；在每行的开头添加了<th>元素；<tbody>和<tfoot>中的<th>设置了scope="row"，表明它们是行标题。

5.2　跨行、跨列表格

5.2.1　跨列

在制作网页的过程中，有时可能要将多行或多列合并成一个单元格，即可以创建跨多列的行，或创建跨多行的列。colspan 属性用于创建跨多列的表格，rowspan 属性用于创建跨多行的表格。

跨多列的表格其基本语法如下：

```
<table>
    <tr>
        <td colspan="所跨列数">单元格内容</td>
    </tr>
</table>
```

下面通过代码 5-3 来说明 colspan 属性的用法。

```
<!DOCTYPE html>
<html lang="en">
    <head>
        <meta charset="utf-8">
        <title>跨列表格</title>
    </head>
    <body>
        <table border="2">
          <tr>
            <td colspan="3">学生成绩表</td>
          </tr>
          <tr>
            <td>英语</td>
            <td>数学</td>
            <td>语文</td>
          </tr>
          <tr>
            <td>95</td>
            <td>98</td>
            <td>89</td>
          </tr>
        </table>
    </body>
</html>
```

代码 5-3　表格的跨列

在代码 5-3 中，将第一行单元格在水平方向上所跨的列数设为 3，因为表格共包含三列，所以第一行只有一对<td>。代码 5-3 的显示效果如图 5-3 所示。

图 5-3　表格的跨列

5.2.2　跨行

单元格除了可以在水平方向上跨列，还可以在垂直方向上跨行。跨多行的表格其基本语法如下：

```
<table>
    <tr>
        <td rowspan="所跨行数">单元格内容</td>
    </tr>
</table>
```

下面通过代码 5-4 来说明 rowspan 属性的用法。

```
<!DOCTYPE html>
<html lang="en">
    <head>
        <meta charset="utf-8">
        <title>跨行表格</title>
    </head>
    <body>
        <table border="2">
            <tr>
                <td rowspan="3">早餐菜谱</td>
                <td>食物</td>
                <td>鸡蛋</td>
            </tr>
```

```
        <tr>
            <td>饮料</td>
            <td>牛奶</td>
        </tr>
        <tr>
            <td>甜点</td>
            <td>开心粉</td>
        </tr>
        </table>
    </body>
</html>
```

代码 5-4　表格的跨行

在代码 5-4 中，由于第一行第一个单元格垂直跨了三行，还剩两个单元格，因此在接下来的两行都有两个单元格。代码 5-4 的显示效果如图 5-4 所示。

图 5-4　表格的跨行

5.2.3　跨行跨列

表格除了可以单独跨行或者单独跨列，也可以既跨行又跨列。例如代码 5-5 的 <table> 中既有跨行属性 rowspan，又有跨列属性 colspan。

```
<!DOCTYPE html>
<html lang="en">
    <head>
        <meta charset="utf-8">
        <title>跨行跨列表格</title>
    </head>
    <body>
        <table border="1">
```

```
        <tr>
          <td><font color="#0000FF">手机充值、IP 卡</font></td>
          <td colspan="2"><font color="#0000FF">办公设备、文具</font></td>
        </tr>
        <tr>
          <td rowspan="2">各种卡的总汇</td>
          <td>铅笔</td>
          <td>彩笔</td>
        </tr>
        <tr>
          <td>打印</td>
          <td>刻录</td>
        </tr>
      </table>
    </body>
  </html>
```

代码 5-5　跨行跨列表格

代码 5-5 的显示效果如图 5-5 所示。

图 5-5　跨行跨列表格

5.3　表格的美化

在设计表格时，还可以对表格进行美化，可以通过表格的宽度、高度、背景颜色、背景图像、边框颜色、文字大小、文字颜色等来设置。通过属性设置来对表格进行美化可参见代码 5-6。

```
<table width="360" height="120" border="2" background="images/type_back.jpg" bordercolor="red">
    <tr>
        <td colspan="6"> </td>
    </tr>
    <tr bgcolor="#EBEFFF">
        <td colspan="3">笔记本电脑</td>
        <td colspan="3" bgcolor="yellow">办公设备、文具、耗材</td>
    </tr>
    <tr bgcolor="#EBEFFF">
        <td>IBM</td>
        <td>惠普</td>
        <td>华硕</td>
        <td>打印机</td>
        <td>刻录盘</td>
        <td>墨盒</td>
    </tr>
</table>
```

代码 5-6　表格的美化

代码 5-6 中设置了表格的宽度 width、高度 height、边框 border、边框颜色 bordercolor、背景图像 background，还设置了行或者列的背景颜色 bgcolor。代码 5-6 的显示效果如图 5-6 所示。

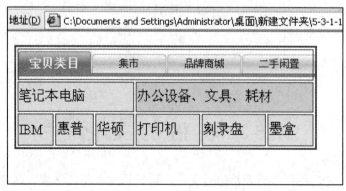

图 5-6　表格的美化效果图

第 6 章　HTML 中的表单

　　前面所讲的知识都是用于将设计者的想法告诉访问者，而在本章中，读者将学习如何创建表单，并使之与访问者进行交流。

　　表单有两个基本组成部分：访问者在页面上可以看见并填写的控件、标签和按钮的集合；用于获取信息并将其转化为可以读取或计算的格式的处理脚本。本章主要关注第一部分，即创建表单，第二部分后续课程会有介绍。

　　基本的表单控件包括文本框、单选按钮、复选框、下拉菜单、文本区域、提交按钮、重填按钮等。对于有过网购经历、曾加入过社交网络，或撰写过基于 Web 的电子邮件的读者，应该会很熟悉本章介绍的表单元素。

6.1　创 建 表 单

　　每个表单都以<form>标签开始，以</form>标签结束，两个标签之间是组成表单的说明标签、控件或按钮等。表单的主要作用是完成用户与浏览器或用户与服务器之间信息的传递，这些信息传递就是人与机器交互的过程，通常是网页的操作事件以及用户登录、留言、查看、上传等。表单标签如表 6-1 所示。

表 6-1　表单标签

标　签	描　　述
<form>	定义表单
<input>	定义输入域
<textarea>	定义多行文本域
<lable>	定义一个控制的标签
<fieldset>	定义域
<legend>	定义域的标题

续表

标　签	描　述
<select>	定义一个下拉列表
<optgroup>	定义选项组
<option>	定义下拉列表的选项
<button>	定义一个按钮

　　<form>标签用于为用户输入创建 HTML 表单。表单可以包含 input 元素，比如文本字段、复选框、单选框、提交按钮等，还可以包含 menus、textarea、fieldset、legend 和 label 元素，主要用于向服务器传输数据。

　　在 HTML 中，表单通过<form>标签来定义。

　　基本语法：

```
<form 属性="值" …　事件= "代码"> …</form>
```

　　属性：

　　(1) name：表单的名称。表单命名后，可以使用脚本语言来引用或控制该表单。

　　(2) method：表单数据传输到服务器的方法。其取值如下：

　　· post：在 HTTP 请求中嵌入表单数据。

　　· get：将表单数据附加到请求该页的 URL 中。

　　注意：若要使用 get 方法发送，则 URL 的长度应限制在 8192 个字符以内。如果发送的数据量太大，数据将被截断，从而导致意外的或失败的处理结果。此外，在发送用户名和密码、信用卡号或其他机密信息时，不应使用 get 方法，而应使用 post 方法。

　　· action：接受表单数据的服务器端程序或动态网页的 URL 地址。

　　· target：目标窗口。

　　· _blank：在未命名的新窗口中打开目标文档。

　　· _parent：在显示当前文档的窗口的父窗口中打开目标文档。

　　· _self：在提交表单所使用的窗口中打开目标文档。

　　· _top：在当前窗口内打开目标文档，确保目标文档占用整个窗口。

　　在一个网页中可以创建多个表单，每个表单都可以包含各种各样的控件，例如文本框、单选按钮、复选框、下拉菜单以及按钮等。注意：表单不能嵌套使用。

　　表单定义示例如下：

```
<form name="form1" action ="test.asp" method ="get">
    <p>First name:<input type="text" name ="fname" ></p>
    <p>Last name:<input type="text" name ="lname" ></p>
</form>
```

提示：form 元素是块级元素，其前后会产生折行。

6.2　文本框/密码框

文本、密码输入框通常用于登录和注册时的信息输入，是最常用的表单元素。二者都只能输入单行文本，文本框显示用户输入的文本，而密码框将用户输入字符用黑色实心圆点代替，从而达到保密的目标。

基本语法：

```
<input type="text" name="text1" value="初始值" size="10" maxlength="5">
```

属性：

(1) type：决定表单的类型。其中，text 指文本框；password 指密码框。

(2) name：表单的唯一识别名称。该名称在信息交互中有着非常重要的作用。

(3) value：输入框内的初始文本。

(4) size：输入框的宽度。单位为字符，即 5 代表 5 个字符宽度，默认为 20。

(5) maxlength：最大字符数。限定输入框内最多可输入的字符数，不设置该属性则表示无限制。

(6) title：设置表单元素的提示文本。当鼠标指向表单元素时，提示文本就会显示出来。

文本框、密码框举例如代码 6-1 所示。

```
<!DOCTYPE html>
<html lang="en">
    <head>
        <meta charset="utf-8">
        <title>文本框 and 密码框</title>
    </head>
    <body>
        <form name="form1" method="post" action="">
            <p>用户名：
```

```
        <input name="name" type="text" >
    </p>
    <p>密  码：
        <input name="pass" value="123456" type="password">
    </p>
</form>
</body>
</html>
```

代码 6-1　文本框、密码框举例

代码 6-1 主要使用了<input>标签，type 等于 text 代表文本框，等于 password 代表密码框。代码 6-1 的显示结果如图 6-1 所示。

图 6-1　文本框、密码框效果

6.3　单选按钮

单选按钮，顾名思义，就是在选择时只能选择其中一项。

基本语法：

```
<input type="radio" name="radio" value="radio2" checked="checked">
```

(1) type：决定按钮的类型。

(2) name：设定按钮的唯一识别名称。

注意：当多个单选按钮的 name 属性相同，即具有相同的名字时，它们组成单选按钮组，此时组内的按钮不能被同时选中。同一组选项只能选择一项时，按钮的命名必须一致。

单选按钮举例如代码 6-2 所示。

```
<!DOCTYPE html>
<html lang="en">
```

```
    <head>
        <meta charset="utf-8">
        <title>单选按钮</title>
    </head>
    <body>
        <form name="form1" method="post" action="">
        性别：
         <input name="sex" type="radio" value="男" checked="checked">
            <img src="images/Male.gif"/>男 
         <input name="sex" type="radio" value="女" >
            <img src="images/Female.gif"/>女
        </form>
    </body>
</html>
```

代码 6-2　单选按钮举例

代码 6-2 主要使用了<input>标签，type 属性等于 radio。注意：同一组单选按钮其 name 属性应相同。代码 6-2 的显示效果如图 6-2 所示。

图 6-2　单选按钮效果图

6.4　复　选　框

多选按钮在被选中时，会向 form 表单提交一组"名称/值(name/value)"对。多个多选按钮可以被同时选择。

基本语法：

```
<input type="checkbox" name="checkbox2" checked="checked" value="check2">
```

属性：

(1) type：决定按钮的类型。

(2) checked：设定按钮是否被选中。该属性只有一个值即 checked，不设置该属性，则代表按钮未被选中。

复选框举例如代码 6-3 所示。

```
<form name="form1" method="post" action="">
爱好：
    <label>
      <input type="checkbox" name="cb1" value="sports" >
    </label>运动   
    <label>
      <input type="checkbox" name="cb2" value="talk" checked="checked">
    </label>聊天   
  <label>
      <input type="checkbox" name="cb3" value="play">
    </label>玩游戏
</form>
```

代码 6-3　复选框举例

代码 6-3 主要使用了<input>标签，type 属性等于 checkbox。代码 6-3 的显示效果如图 6-3 所示。

图 6-3　复选框效果图

6.5 文 本 域

文本域又叫文本框，用于大量文本的输入，且对输入字数没有限制。

基本语法：

<textarea name="textarea1" cols="20" rows="2">文本</textarea>

(1) cols：设置文本框的宽度(显示列数)，单位为字符。

(2) rows：设置文本框的高度(显示行数)，单位为行。当显示内容的行数超过该属性值时，会自动出现滚动条。

文本域举例如代码 6-4 所示。

```
<!DOCTYPE html>
<html lang="en">
    <head>
            <meta charset="utf-8">
            <title>多行文本域</title>
    </head>
    <body>
            <form name="form1" method="post" action="">
                    <h4><img src="images/read.gif" width="35" height="26"/>阅读淘宝网服务协议</h4>
                    <textarea name="textarea" cols="40" rows="6">欢迎阅读服务条款协议，本协议阐述之条
款和条件适用于您使用 Taobao.com 网站的各种工具和服务。
本服务协议双方为淘宝与淘宝网用户，本服务协议具有合同效力。
淘宝的权利和义务
1. 淘宝有义务在现有技术上维护整个网上交易平台的正常运行，并努力提升和改进技术，使
用户网上交易活动顺利进行。
2. 对用户在注册使用淘宝网上交易平台中所遇到的与交易或注册有关的问题及反映的情况，
淘宝应及时做出回复。
                    </textarea>
            </form>
    </body>
</html>
```

代码 6-4　文本框举例

代码 6-4 的显示效果如图 6-4 所示。

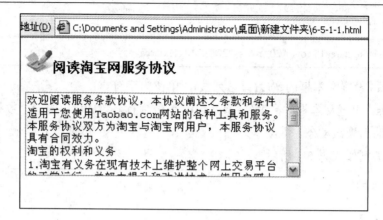

图 6-4　文本框显示效果

6.6　按　　钮

按钮通常用来确认、取消、提交、重设表单的内容。

基本语法：

```
<input type="button" name="button" value = "按钮上的文字" title="title">
```

属性：

(1) type：决定按钮的类型。其中，button 表示普通按钮；submit 表示提交按钮；reset 表示重置按钮；这三个属性值所表示的按钮基本相同，其行为差异一般是通过 JavaScript 对其单击事件做出不同的响应而产生的。不过，submit 类型的按钮会自动捕捉到 Enter 键按下的事件，这部分内容可以参考 JavaScript 的相关知识。

(2) value：按钮上显示的文本。

<button>标签同样可以设置一个按钮，它与<input>标签的最大差别是<button>标签可以包含文本和图像元素(在 Firefox 和 Chrome 中，默认将该按钮作为提交按钮)。

基本语法：

```
<button name ="button1"><img src="images\img3.3-1.jpg" width="20px" height="20px"
title="picture"/>button</button>
```

下面通过举例来认识三种按钮类型。图 6-5 为不同类型按钮的网页显示效果图。

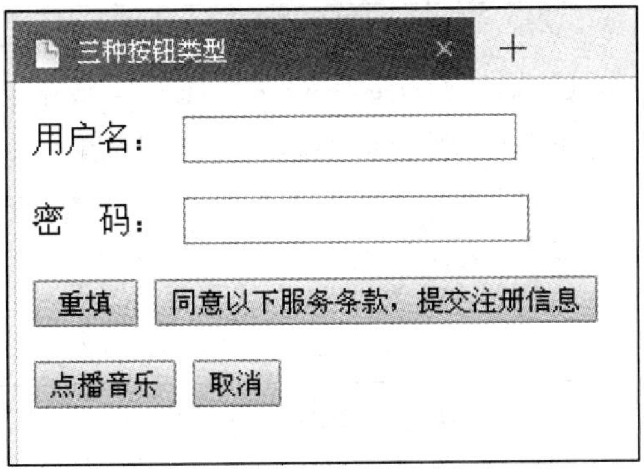

图 6-5　不同类型按钮

　　图 6-5 中上方是文本框、密码框，下方是四个按钮。其中，第一个按钮为重置按钮，可以将用户名、密码等表单输入项恢复到原始状态以便于重新填写；第二个按钮是提交按钮，用于填完信息后提交整个表单；第三、第四个按钮为普通按钮，其具体的操作功能可以结合 JavaScript 编写。

　　不同类型按钮的实现可参考代码 6-5。

```
<!DOCTYPE html>
<html lang="en">
    <head>
            <meta charset="utf-8">
            <title>三种按钮类型</title>
    </head>
    <body>
        <form name="form1" method="post" action="">
            <p>用户名:
                <input name="name" type="text" size="21">
            </p>
            <p>密   码:
                <input name="pass" type="password" size="22">
            </p>
            <p>
                <input type="reset" name="Reset" value=" 重填 ">
                <input type="submit" name="Button" value="同意以下服务条款，提交注册信息">
            </p>
```

```
                <p>
                    <input type="button" name="confirm" value="点播音乐">
                    <input type="button" name="cancel" value="取消">
                </p>
            </form>
        </body>
</html>
```

代码 6-5　不同类型按钮

6.7　下　拉　列　表

下拉列表和列表框常用来呈现一组数据，方便用户做出选择。此外，相比于单选按钮和多选按钮，下拉列表和列表框可以节省不少版面。

基本语法：

```
<select name="select" size="1" title="title">
    <option value="1" selected="selected">select1</option>
</select>
```

属性：

(1)　size：定义列表所呈现的行数(如果属性值为 1，则为下拉列表，列表右侧会出现选择按钮，以便查看其他选项；如果属性值大于 1，则为列表，将只呈现相应行数的选项)。

(2)　<option>：定义列表的选项。标签对内的文本就是列表中的可见选项。

(3)　value：为相应选项所对应的值。

(4)　selected：表明相应的选项是否被选中。该属性具有唯一的值即 selected，且一组列表项中只允许一个项目设置此属性，代表默认被选中(Firefox 中无效)。

下面通过举例来进一步认识 select 下拉列表，如代码 6-6 所示。

```
<!DOCTYPE html>
<html lang="en">
    <head>
        <meta charset="utf-8">
```

```
    <title>select 下拉列表</title>
  </head>
  <body>
    <form name="form1" method="post" action="">
      出生日期：
      <input name="byear" value="yyyy" size="4" maxlength="4">
        年
      <select name="bmon">
        <option value="" selected="selected">[选择月份]</option>
        <option value=0>一月</option>
        <option value=1>二月</option>
        <option value=2>三月</option>
        <option value=3>四月</option>
        <option value=4>五月</option>
        <option value=5>六月</option>
        <option value=6>七月</option>
        <option value=7>八月</option>
        <option value=8>九月</option>
        <option value=9>十月</option>
        <option value=10>十一月</option>
        <option value=11>十二月</option>
      </select>
      月 
      <input name="bday" value="dd" size="2" maxlength="2">
      日
    </form>
  </body>
</html>
```

代码 6-6　下拉列表代码

代码 6-6 主要在月份处使用了 select 下拉列表，每个选项前后增加了<option>标签，第一个选项即"选择月份"处，使用了 select="selected"属性，代表默认被选中。为了节约篇幅，在年、日处只使用了文本框，读者在使用时可以添加<select>标签。

代码 6-6 的显示效果如图 6-6 所示。

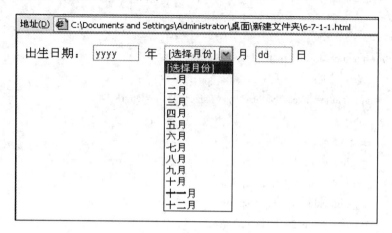

图 6-6   下拉列表效果

6.8 标 题 框

标题框标签可以在网页中形成一个带有标题的方框(早期版本的 IE 中无法显示)，主要用于在视觉上形成一个独立区域，其内容可以是各种网页元素。当一组表单元素放到 <fieldset>标签内时，浏览器会以特殊的方式来显示它们，例如可能有特殊的边界、3D 效果，或者甚至创建一个子表单来处理这些元素。

基本语法：

```
<fieldset name="fieldset1">
    <legend>这里是标题</legend>
</fieldest>
```

属性：

(1) legend 用于设置标题框的标题。

(2) 标题框内可以包含各种网页元素。

下面举例来认识 fieldset 标题框，代码 6-7 用于创建带标题方框的表单信息。

```
<!DOCTYPE html>
<html lang="en">
    <head>
```

```
        <meta charset="utf-8">
        <title>fieldset 标题框</title>
    </head>
    <body>
        <form name="form1" method="post" action="">
            <fieldset>
                <legend>健康信息</legend>
                身高：<input type="text">
                体重：<input type="text">
            </fieldset>
        </form>
    </body>
</html>
```

代码 6-7　fieldset 标题框

代码 6-7 的显示效果如图 6-7 所示。

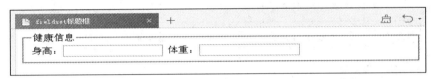

图 6-7　fieldset 标题框的显示效果

6.9　选　项　组

<optgroup>标签用于组合选项。当使用一个长的选项列表时，对相关的选项进行组合会使处理更加容易。

下面举例来认识<optgroup>标签，代码 6-8 用于创建带有组合选项的表单。

```
<!DOCTYPE html>
<html lang="en">
    <head>
        <meta charset="utf-8">
        <title>optgroup 选项组</title>
```

```
        </head>
        <body>
            <select>
                <optgroup label="Swedish Cars">
                    <option value="volvo">Volvo</option>
                    <option value="saab">Saab</option>
                </optgroup>
                <optgroup label="German Cars">
                    <option value="mercedes">Mercedes</option>
                    <option value="audi">Audi</option>
                </optgroup>
            </select>
        </body>
</html>
```

代码 6-8　　<optgroup>标签举例

代码 6-8 的显示效果如图 6-8 所示。

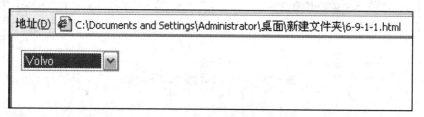

图 6-8　　<optgroup>标签的显示效果图

6.10　HTML5 对表单的改进

　　HTML5 一个重要的特性就是可以对表单进行改进。过去，我们常常需要花费很多额外的时间编写 JavaScript 以增强表单行为，例如要求访问者提交表单之前必须填写某个字段。而 HTML5 通过引入新的表单元素、输入类型和属性，以及内置的对必填字段、电子邮件地址、URL 以及定制模式的验证，让这一切变得很轻松。这些特性不光帮助了设计人员和开发人员，也很大地提升了网站访问者的体验。

　　此外，旧版浏览器在运行这些新特性时不会有太大的问题。它们会直接忽略这些无法理解的属性，从而使表单里的输入框会正常显示。如果希望这些属性在旧浏览器中也拥有 HTML5 的行为，可以使用 JavaScript 编写额外的代码来实现。

表 6-2 和表 6-3 列出了 HTML5 与表单相关的大部分特性，并给出了如何获取更多的信息。本书将重点主要放在最常使用的那些特性上。

表 6-2　输入和元素

输入或者元素	简略代码	更多信息
电子邮件框	`<input type="email">`	
搜索框	`<input type="search">`	
电话框	`<input type="tel">`	
URL 框	`<input type="url">`	
日期	`<input type="date">`	
以下元素得到了部分浏览器的支持		
日期	`<input type="date">`	更多信息参见：www.wufoo.com/html5
数字	`<input type="number">`	
范围	`<input type="range">`	

数据列表	`<input type="text" name="favfruit" list="fruit">`
	`<datalist id="fruit">`
	　　`<option>Grapes</option>`
	　　`<option>Pears</option>`
	　　`<option>Kiwi</option>`
	`</datalist>`	

下面的输入或者元素只有少部分浏览器支持		
颜色	`<input type="color">`	更多信息参见：www.w3.org/html/wg /wiki/HTML5.0AtRiskFeatures
全局日期和时间	`<input type="datetime">`	
局部日期和时间	`<input type="datetime-local">`	
月	`<input type="month">`	
时间	`<input type="time">`	
周	`<input type="week">`	
输出	`<output></output>`	

表 6-3 属　　性

属　性	总　结	更多信息
accept	限制用户可上传文件的类型	www.wufoo.com/html5
autocomplete	如果对 form 元素或特定的字段添加 autocomplete="off"，则浏览器对该表单或该字段的自动填写功能将关闭。该属性默认值为 on	
autofocus	页面加载后将焦点放到该字段	
multiple	允许输入多个电子邮件地址，或者上传多个文件	
list	将 datalist 与 input 联系起来	
maxlength	指定 textarea 的最大字符数	
pattern	定义一个用户所输入的文本在提交之前必须遵循的模式	
placeholder	指定一个出现在文本框中的提示文本。用户开始输入后，该文本消失	
required	需要访问者在提交表单之前必须完成该字段	
formnovalidate	关闭 HTML5 的自动验证功能。该属性主要应用于提交按钮中	
novalidate	关闭 HTML5 的自动验证功能。该属性主要应用于表单元素中	

提示：对于浏览器支持信息，caniuse.com 上的信息通常比 www.wufoo.com/html5 上的更新一些，不过后者仍然是获取 HTML5 表单信息的一个重要资源。

第 7 章　CSS 概述

CSS 的全称是 Cascade Style Sheet，即层叠样式表。样式是指浏览器如何显示 HTML 元素，如高度、宽度、文本颜色、背景颜色、边框、位置等；层叠是指允许以多种方式规定元素的样式信息，以一定的优先级合并为该元素最终的样式。因此，层叠样式表就是以一种文本文件存储 HTML 元素的样式规则。

HTML 标签原本被设计为用于定义文档内容。通过使用<h1>、<p>、<table>等标签，HTML 的初衷是表达"这是标题"、"这是段落"、"这是表格"之类的信息，同时文档布局由浏览器来完成，而不使用任何的格式化标签。

由于 Netscape 和 Internet Explorer 这两种主要的浏览器不断地将新的 HTML 标签和属性(比如字体标签和颜色属性)添加到 HTML 规范中，这使得创建文档内容清晰地独立于文档表现层的站点变得越来越困难。

为了解决这个问题，万维网联盟(W3C)，这个非营利的标准化联盟，肩负起了 HTML 标准化的使命，并在 HTML4.0 之外创造出样式(Style)。

所有的主流浏览器均支持层叠样式表。

样式表定义如何显示 HTML 元素，其作用类似于 HTML3.2 的字体标签和颜色属性。样式通常保存在.css 文件中。因此，通过编辑一个简单的 CSS 文档，就可以改变站点中所有页面的布局和外观。

由于允许同时控制多重页面的样式和布局，CSS 可以称得上是 Web 设计领域的一个突破。作为网站开发者，可以为每个 HTML 元素定义样式，并将之应用于任意多的页面中。如需进行全局更新，只需简单地改变样式，网站中的所有元素均会自动地更新。

综上所述，HTML 用于定义网页的内容，CSS 用于定义网页的外观样式，从而实现了网页内容和样式的分离。

7.1　样　式　规　则

样式表中包含了定义网页外观的规则。

样式表中的每条规则都有两个主要部分：选择器(selector)和声明块(declaration block)。选择器决定哪些元素受到影响；声明块由一个或多个属性-值对(每个属性-值对构成一条声明，即 declaration)组成，如图 7-1 与图 7-2 所示。

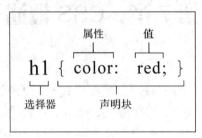

图 7-1　样式规则 1

样式规则由选择器(表示将对哪些元素进行格式化)和声明块(描述要执行的格式化)组成。声明块内的每条声明都是一个由冒号隔开、以分号结尾的属性-值对。声明块以前花括号开始，以后花括号结束。

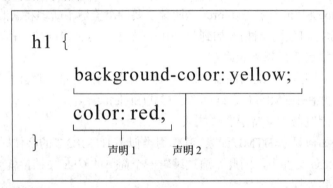

图 7-2　样式规则 2

一个声明块中允许多条声明。声明的顺序并不重要，除非相同的属性定义了两次。在图 7-2 中将两条声明调换顺序，效果是一样的。如果将图 7-1 和图 7-2 所示的样式规则应用到如代码 7-1 所示的 HTML 文档中，则用浏览器打开页面的效果如图 7-3 所示。

```
<!DOCTYPE html>
<html>
    <head>
        <meta charset="utf-8">
        <title>Document</title>
```

```
    </head>
    <body>
        <h1>我是一个添加了样式规则的 1 号标题</h1>
    </body>
</html>
```

代码 7-1　代码片段

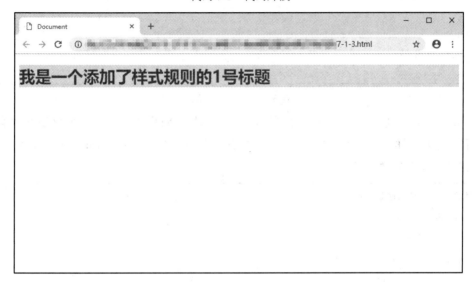

图 7-3　样式效果

由图 7-3 可见，标题从浏览器默认的白色背景、黑色文字变为黄色背景、红色文字。

此外，在 CSS 中可以添加注释，用以标注样式表的主要区域，也可以只针对某条规则或声明进行解释。注释不仅对开发人员有用，对阅读代码的其他人也有好处。在 CSS 中，注释以/*开始，以*/结束；注释可以包含回车，因此可以跨越多行；不能将一个注释嵌套在另一个注释内部。注释示例如代码 7-2 所示。

```
/*
This is a CSS comment. It can be one line
→   long or span several lines. This one
→   is much longer than most. Regardless, a
→   CSS comment never displays in the
→   browser with your site's HTML content.
*/
```

```
/* Set default rendering of certain HTML5 */
article,
aside,
footer,
header,
main,
nav,
section {
    display: block;
}
```

代码 7-2　注释示例

从代码 7-3 可以看出，注释是很有用的组织工具。对样式表中的主要区域和内容添加注释，可以使样式表井然有序。代码 7-3 所示的格式(使用大写字母和一条下划线)可以很清楚地标识分组的开始位置。

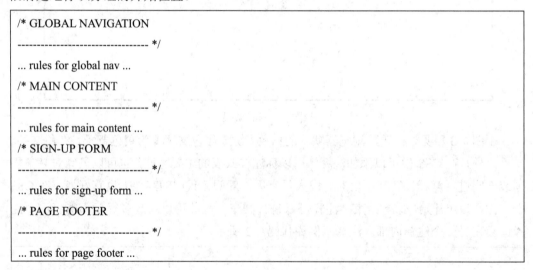

代码 7-3　注释示例 1

可以将注释放在样式规则内部，从而使浏览器不解析被注释的样式规则。这是对样式表进行测试的一种比较好的方法，且不必删除注释部分，除非不再需要了；这也是很有用的调试工具，可以将可能引起问题的地方"注释掉"，再在浏览器中刷新页面，查看问题是否得到解决，如代码 7-4 所示。

```
p {
     line-height: 1.2;
}
/*
.byline {
     color: black;
     font-size: .875em;
     text-shadow: 2px 1px 5px orange;
}
img {
     border: 4px solid red;
     margin-right: 12px;
}
*/
```

代码 7-4　注释示例 2

7.2　样式的继承

继承(inheritance)是 CSS 里一个很重要的概念。例如代码 7-5 所示的网页，浏览器会将它理解为图 7-4 所示的文档树。文档树有助于理解 CSS。当为某个元素应用 CSS 属性时，这些属性不仅会影响该元素，还会影响其下的分支元素。也就是说，这些下层的元素继承了其祖先元素的属性，只不过继承的是颜色、字体大小等样式规则。

```
...
   <body>
      <div>
         <h1>The Ephemeral Blue Flax</h1>
         <img src="img/blueflax.jpg" width="300"
         → height="175" alt="Blue Flax (Linum lewisii)"/>
         <p>I am continually <em>amazed</em>
         → at the beautiful, delicate Blue Flax
         → that somehow took hold in my garden.
```

```
        →  They are awash in color every morning,
        →  yet not a single flower remains
        →  by the afternoon. They are the very
        →  definition of ephemeral.</p>
        <p><small>&copy; Blue Flax Society.
        →  </small></p>
    </div>
 </body>
</html>
```

代码 7-5   HTML 代码片段

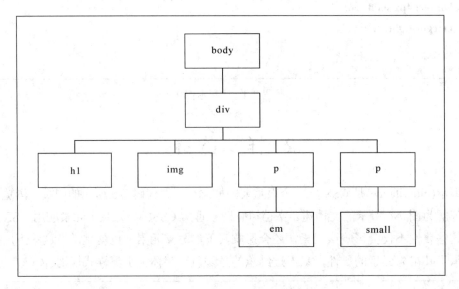

图 7-4   HTML 的文档树

将 HTML 页面转换为树形结构后,很容易看出哪些元素是哪些元素的后代。任何一个直接包含在另一个元素中的元素,都是其父元素的分支。

将代码 7-6 所示的 CSS 样式应用于代码 7-5 所示的 HTML 文档中,则用浏览器打开 HTML 页面如图 7-5 所示。

```
body {
    font-family: Verdana, Geneva, sans-serif;
}
```

```
div {
        border: 1px solid #000;
        overflow: hidden;
        padding: 0 1em .25em;
}
p {
        color: #36c; /* a blue color */
        font-weight: bold;
}
img {
        float: left; /* makes text wrap it */
        margin-right: 1em;
}
```

代码 7-6　CSS 代码片段

图 7-5　页面效果

上述例子中：

· body 元素设定了 CSS 样式"font-family:Verdana, Geneva, sans-serif;"，即字体为"Verdana, Geneva, sans-serif"。而 font-family 属性会被继承，所以其后代元素中的 h1、p、em、small 等元素，即使没有显式地设定字体，也会以 body 中设定的字体来显示文本。

· div 元素设定了 CSS 样式"border: 1px solid #000;"，即边框为 1px 宽的黑色实线。但是 border 属性不会继承，所以其后代元素没有边框样式，也不会显示边框。

• p 元素设定了 CSS 样式 "color: #36c; font-weight: bold;"，即文本颜色为蓝色且字体加粗。color 和 font-weight 属性也是继承的，因此其后代元素中的 em 和 small 元素里的文本同其他段落的文本一样地显示为蓝色粗体文字，而不是浏览器默认的黑色非粗体文字。

可见，继承可以简化样式表。如果 CSS 没有继承特性，为页面中的每个元素单独设置字体则会显得特别繁琐。在编写 CSS 时，需要牢记继承特性，并有效地利用它。

CSS 中有些属性可以被继承，而有些又不能被继承，可以参考表 7-1。

表 7-1　继承属性表

标　签	属　性	标　签	属　性
color	文本颜色，a 元素除外	direction	方向
font	字体	font-family	字体系列
font-size	字体大小	font-style	用于设置斜体
font-variant	用于设置小型大写字母	font-weight	用于设置粗体
letter-spacing	字母间距	line-height	行高
text-align	用于设置对齐方式	text-indent	用于设置首行缩进
text-transform	用于修改大小写	visibility	可见性
white-space	用于指定如何处理空格	word-spacing	字间距
list-style	列表样式	list-style-image	用于为列表指定定制的标记
list-style-position	用于确定列表标记的位置	list-style-type	用于设置列表的标记
border-collapse	用于控制表格相邻单元格的边框是否合并为单一边框	border-spacing	用于指定表格边框之间的空隙大小
caption-side	用于设置表格标题的位置	empty-cells	用于设置是否显示表格中的空单元格
orphans	用于设置当元素内部发生分页时在页面底部需要保留的最少行数	page-break-inside	用于设置元素内部的分页方式
widows	用于设置当元素内部发生分页时在页面顶部需要保留的最少行数	cursor	鼠标指针
quotes	用于指定引号样式		

7.3　样式的层叠

将 CSS 样式应用到 HTML 中有以下三种方式。

1. 引用外部的.css 文件

将 CSS 规则编写在外部的 .css 文件中，在 HTML 文档中使用 link 元素引用该文件。例如，代码 7-7 所示外部.css 文件可以在代码 7-8 所示的 HTML 文档中引用。

```
body {
    font-family: Verdana, Geneva, sans-serif;
}
div {
    border: 1px solid #000;
    overflow: hidden;
    padding: 0 1em .25em;
}
p {
    color: #36c; /* a blue color */
    font-weight: bold;
}
img {
    float: left; /* makes text wrap it */
    margin-right: 1em;
}
```

代码 7-7　外部.css 文件

```
<!DOCTYPE html>
<html lang="en">
    <head>
        <meta charset="utf-8">
        <title>引用外部 CSS 示例</title>
        <link rel="stylesheet" type="text/css" href="style.css">
```

```
        </head>
        <body>
            <div>
            <h1>The Ephemeral Blue Flax</h1>
            <img src="Cymbidium.jpg" width="300" height="175" alt="Blue Flax (Linum lewisii)"/>
            <p>I am continually <em>amazed</em>
            at the beautiful, delicate Blue Flax
            that somehow took hold in my garden.
            They are awash in color every morning,
            yet not a single flower remains
            by the afternoon. They are the very
            definition of ephemeral.</p>
            <p><small>&copy; Blue Flax Society.</small></p>
            </div>
        </body>
</html>
```

代码 7-8　HTML 文档

在代码 7-8 所示的 HTML 文档的 head 元素中，编写了 link 元素，用于引用外部的 .css 文件。其中，rel 属性用于指定引用内容为 stylesheet(样式表)；type 属性用于指定引用的为 text/css(文本或 CSS 规则)；href 属性用于指定外部文件的 URI。

其他 HTML 文档也可以引用代码 7-7 所示的 .css 文件。所有引用了该 .css 文件的 HTML 文档，均将按照其中定义的 CSS 规则显示网页。

引用外部 .css 文件的方式，适用于对整个网站的多个页面的、全局性质的 CSS 规则。

2. 在页面头部编写 CSS 规则

在 HTML 文档的 head 元素中，可以使用 style 元素来定义 CSS 规则。在 style 元素中定义的 CSS 规则，只对该 style 元素所在的 HTML 文档生效，如代码 7-9 所示。

```
<!DOCTYPE html>
<html lang="en">
    <head>
        <meta charset="utf-8">
```

```
    <title>引用外部 CSS 示例</title>
    <style>
        body {
            font-family: Verdana, Geneva, sans-serif;
        }
        div {
            border: 1px solid #000;
            overflow: hidden;
        padding: 0 1em .25em;
        }
        p {
            color: #36c; /* a blue color */
            font-weight: bold;
        }
        img {
            float: left; /* makes text wrap it */
            margin-right: 1em;
        }
    </style>
</head>
<body>
    <div>
    <h1>The Ephemeral Blue Flax</h1>
    <img src="Cymbidium.jpg" width="300" height="175" alt="Blue Flax (Linum lewisii)"/>
    <p>I am continually <em>amazed</em>
    at the beautiful, delicate Blue Flax
    that somehow took hold in my garden.
    They are awash in color every morning,
    yet not a single flower remains
    by the afternoon. They are the very
    definition of ephemeral.</p>
    <p><small>&copy; Blue Flax Society.</small></p>
    </div>
```

```
        </body>
</html>
```

代码 7-9　内嵌在 HTML 中的 CSS 规则

使用 style 元素，将 CSS 规则内嵌在 HTML 中的方式适用于只对所在 HTML 页面生效的 CSS 规则。

3. 在元素中使用 style 属性定义 CSS 规则

如果需要对某个特定的元素定义 CSS 规则，可以在该元素的开始标签中使用 style 属性来定义 CSS 规则，如代码 7-10 所示。

```
<!DOCTYPE html>
<html lang="en">
    <head>
        <meta charset="utf-8">
        <title>引用外部 CSS 示例</title>
    </head>
    <body style="font-family: Verdana, Geneva, sans-serif;">
        <div style="border: 1px solid #000;overflow: hidden;padding: 0 1em .25em;">
            <h1>The Ephemeral Blue Flax</h1>
            <img style="float: left;margin-right: 1em;" src="Cymbidium.jpg" width="300" height="175"
alt="Blue Flax (Linum lewisii)"/>
            <p style="color: #36c;font-weight: bold;">I am continually <em>amazed</em>
            at the beautiful, delicate Blue Flax
            that somehow took hold in my garden.
            They are awash in color every morning,
            yet not a single flower remains
            by the afternoon. They are the very
            definition of ephemeral.</p>
            <p><small>&copy; Blue Flax Society.</small></p>
        </div>
    </body>
</html>
```

代码 7-10　style 属性中的 CSS 规则

这三种应用 CSS 规则的方式在 HTML 中可以同时使用。这就意味着对于某个特定的 HTML 元素，其 CSS 规则有可能来自于外部的.css 文件，也可能来自于 HTML 文档的 style 元素的定义，也有可能来自于自身的 style 属性的定义。

对于某一给定元素应用多条样式规则时，比如一条规则定义了一个元素的颜色，而另一条规则定义了它的宽度。这两条规则会有效结合，同时应用到元素上。但是有时多条规则会定义元素的同一个属性，CSS 用层叠的原则来考虑样式声明，从而判断相互冲突的规则中哪个规则应该起作用。元素的样式如果与浏览器的默认样式冲突，则以代码中的样式为准。在此基础上，按照 CSS 层叠的特殊顺序来判断相互冲突的规则中哪个规则应该起作用。

首先考虑特殊性，如代码 7-11 和代码 7-12 所示，该页面在浏览器中显示的效果如图 7-6 所示。

```
<!DOCTYPE html>
<html>
    <head>
        <meta charset="utf-8">
        <title>CSS 层叠原则示例 1</title>
        <link rel="stylesheet" href="7-3-5.css">
        <style>
            h1 { color: blue; font-size: 40px;}
        </style>
    </head>
    <body>
        <h1 style="color: red;">我是一个 1 号标题</h1>
    </body>
</html>
```

代码 7-11　CSS 层叠原则示例 HTML 代码片段

```
h1{ color: yellow; font-size: 20px; }
```

代码 7-12　CSS 层叠原则示例 CSS 代码片段

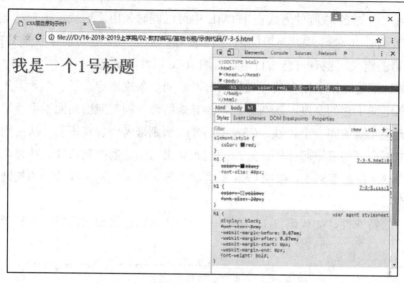

图 7-6　层叠效果

代码 7-11 中的元素 h1，在外部 CSS 文件中将其属性设定为"color: yellow;"，在页面头部的 style 元素中将其设定为"color: blue;"，在元素本身的 style 属性中将其设定为"color: red;"，而最终在页面上显示的字体颜色是红色。

从浏览器的开发者工具(图 7-6 的右侧部分)中也可以看到，外部文件中设定的黄色、页面头部中设定的蓝色都被元素本身 style 属性的红色屏蔽了，最终起作用的是元素本身的 style 属性，即红色。

另外，在外部文件中设定了 h1 元素的字体大小为 20px，在页面头部的 style 元素中设定其字体大小为 40px，最终在页面上显示的字体大小为 40px。从浏览器的开发者工具中也可以看到，外部文件中设定的 20px 被页面头部的 style 元素中的 40px 屏蔽了。

由此可知，将 CSS 规则的来源进行层叠，其优先级顺序如图 7-7 所示。

图 7-7　层叠的优先级

图 7-7 所示的优先级顺序遵照的是特殊性原则。在元素本身的 style 属性中设定的 CSS 规则仅对该元素生效，所以它是最特殊的，在层叠中的优先级也是最高的；在页面头部的 style 元素中设定的 CSS 规则是作用于该 HTML 页面的，其特殊性小于元素本身的 CSS 规则，却高于外部文件中的 CSS 规则；外部文件中的 CSS 规则适用于所有引用它的 HTML 页面。

除了特殊性，层叠还具有顺序性，如代码 7-13 所示。

```
<!DOCTYPE html>
<html lang="en">
    <head>
        <meta charset="utf-8">
        <title>CSS 层叠原则示例 2</title>
    </head>
    <body>
        <h1 style="color: red; color: blue;">我是一个 1 号标题</h1>
    </body>
</html>
```

代码 7-13　CSS 层叠的顺序原则

代码 7-13 的显示效果如图 7-8 所示。

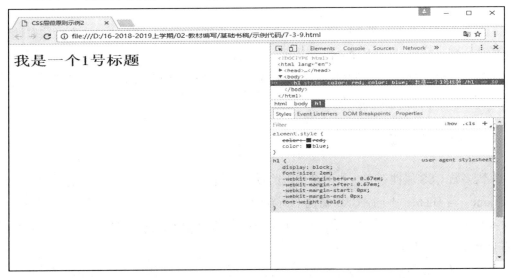

图 7-8　CSS 层叠的顺序原则效果图

代码 7-13 中，h1 元素的 style 属性设定了两次 color，第一次设定为 red，第二次设定为 blue。在一个元素上，相同的 CSS 规则被设定了两次，此时它们的特殊性是相同的。这种情况下，CSS 层叠依赖于其出现的顺序，即按照其设定的顺序，新的规则覆盖旧的规则。

由此可知，开发者编写的样式会覆盖浏览器的默认样式。当两个或两个以上样式发生冲突时，特殊性高的样式起作用，与其在样式表中所处的位置无关；如果两个或两个以上规则拥有相同的特殊性，则后出现的规则起作用。

如果元素没有指定某条规则，则使用继承的值(如果有该值)。

层叠的内容可能使读者有些困惑，可以试着编写 CSS，并使用一些选择器，会发现在大多数情况下，层叠的运行规则跟最初的设想是一样的。

7.4 属 性 的 值

每个 CSS 属性对于其可以接受的值都有不同的规定。有的属性只能接受预定义的值；有的属性可以接受数字、整数、相对值、百分数、URL 或者颜色；有的属性可以接受多种类型的值。因此，这里介绍一下关于 CSS 属性值的基本体系。

7.4.1 inherit

对于任何属性，如果希望显式地指出该属性的值与其对应元素的父元素对该属性设定的值相同，就可以使用 inherit 值。例如，article 元素包含几个段落，且该元素设置了边框属性。边框通常不会被继承，因此使用规则"p { border: inherit; }"可以使 article 元素中的段落获得相同的边框样式。

7.4.2 预定义的值

大多数 CSS 属性都有一些可供使用的预定义值。例如，float 属性可被设为 left、right 或 none。与 HTML 不同，CSS 属性不需要(也不能)将预定义的值放在引号里。实际上，大多数 CSS 值，无论是否为预定义的值，都不需要加引号(也有例外，如超过一个单词的 font-family 名称)。

对于只接受预定义值的 CSS 属性，应注意正确拼写，以确保准确地输入这些值。

7.4.3　长度和百分数

很多 CSS 属性的值是长度。所有长度都必须包含数字和单位，并且它们之间没有空格，例如 3em、10px。但是 0 是一个例外，它可以带单位也可以不带，效果是一样的，因此 0 一般不带单位。

对于使用过 Adobe Photoshop 的读者，应该很熟悉一个概念——像素(px)。与 em 不同，像素并不是相对于其他样式规则的。因此，以 px 为单位的值不会受 font-size 设置的影响。不过，如今的设备种类繁多，已经很难再准确度量一个像素的实际大小了，某种设备上一个像素的大小不一定与另一种设备上的完全相等。

有的长度是相对于其他值的。一个 em 的长度大约与对应元素的字号相等。例如，对元素设置"margin-left: 2em"就代表将元素的左外边距设为元素字号的两倍(当 em 用于设置元素的 font-size 属性本身时，它的值继承自对应元素的父元素的字号)。em 的这种相对性对当今的网站建设工作来说是至关重要的，尤其是对那些需要适应不同屏幕尺寸的网站(这种做法被称为响应式 Web 设计)。此外，rem 是相对于 html 元素的字体大小的单位。

百分数(如 65%)的工作方式类似于 em 的，它们都是相对于其他值的值。正因如此，所以百分数是创建响应式网站的一个强大的工具。

网页设计中，最常使用的单位是 em、百分数和像素，rem 的使用也越来越多。设计者所创建的样式表可以自由组合使用这些单位，即使是在同一条样式规则中，也可以组合使用不同的单位。除了前面提到的单位，还有一些其他单位，不过鲜有使用，这里就不作介绍。

7.4.4　纯数字

只有极少数的 CSS 属性接受不带单位的数字，例如 3、0.65，其中最常见的是 line-height(行高)、z-index(层序)和 opacity(透明度)。例如，代码 7-14 为设置行高属性的 CSS 规则，其中值 1.5 代表行高的倍数。

```
line-height : 1.5;
```

代码 7-14　纯数字的属性值

7.4.5 URL

URL(Uniform Resource Locator，统一资源定位符)是地址的别名，它包含文件存储位置及浏览器应如何处理它的信息。互联网上的每个文件都有唯一的 URL。URL 有固定的格式，如图 7-9 所示。

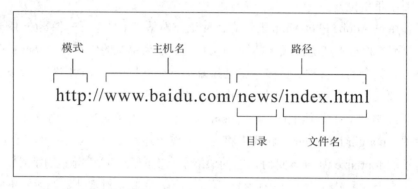

图 7-9　URL 格式

URL 可以是绝对的，也可以是相对的，现介绍如下。

(1) 绝对 URL。绝对 URL(absolute URL)包含了指向目录或文件的完整信息，包括模式、主机名和路径。绝对 URL 就像是完整的通信地址，包括国家、州、城市、邮政编码、街道和姓名。无论邮件来自哪里，邮局都能找到收件人。这意味着绝对 URL 本身与被引用文件的实际位置无关，在任意一个主机上的网页中，某一文件的绝对 URL 都是完全一样的。引用别的 Web 服务器上的文件时，应该总是使用绝对 URL。例如，当通过电子邮件跟朋友分享新闻或 YouTube 视频的 URL 时，如果只分享 URL 的一部分，他们就无法看到相应的内容。对于 FTP 站点以及几乎所有不使用 HTTP 协议的 URL，都应该使用绝对 URL。

(2) 相对 URL。当人们在描述自己邻居家的位置时，一般不会说出完整地址，而是说："她家在右边第三个门"。这就是相对地址，它指出的位置是以信息提供者的位置为参照的。如果在别的城市按照同样的信息来寻找邻居，是永远也找不到的。可以看出，相对 URL 以包含 URL 本身的文件的位置为参照点，描述目标文件的位置。因此，相对 URL 可以表达类似于"指向本页面同一目录下的 xyz 页面"所描述的意思。

有的 CSS 属性允许开发人员指定另一个文件(尤其是图像)的 URL，例如 background-image 就是这样一个属性。在这种情况下，使用 url(file.ext)，其中 file.ext 是目标资源的路径和文件名(注意，规范指出，相对 URL 应该相对于样式表的位置而不是相对于 HTML 文档的位置)，可以在文件名上加上引号，但这不是必需的。此外，在单词 url 和前括号之间不应该有空格；括号和地址之间允许有空格，但这不是必需的(通常也不这样做)。

7.5　CSS 颜色

可以使用预定义颜色关键字或以十六进制(通常称为 HEX)、RGB、HSL、RGBA、HSLA 等格式表示的值为 CSS 属性指定颜色。其中，RGBA、HSLA 格式可以指定具有一定程度 alpha 透明度(alpha transparency)的颜色，而 HSL、RGBA 和 HSLA 格式都是在 CSS3 中引入的。

7.5.1　16 种基本颜色关键字

CSS3 指定了 CSS2.1 本来就有的 16 个基本的名称(如图 7-10 所示)，另外又增加了

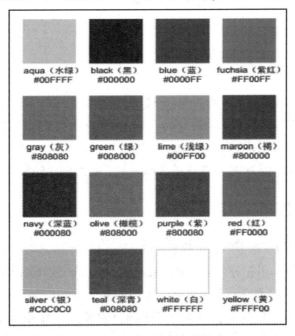

图 7-10　16 种基本颜色关键字

131 个，其完整的列表见 www.w3.org/TR/css3-color/#svg-color。人们一般只会记住几个最简单的颜色名，因此可以使用 Adobe Photoshop 等工具进行取色，但使用这些工具获得的是 RGB 或十六进制值，而不是 CSS 颜色名。此外，颜色关键字所代表的颜色只是设计者使用的颜色中很小的一部分，因此在实践中，更常规的方法是使用十六进制格式(这是目前为止最为常见的方式)或 RGB 格式定义 CSS 颜色。当然，如果要指定 alpha 透明度，应该使用 RGBA 和 HSLA 格式。

7.5.2　RGB 颜色

可以通过指定红、绿、蓝(这也是 RGB 这一名称的由来)的量来构建自己的颜色，也可以使用百分数、0～255 之间的数字来指定这三种颜色的值。例如，如果创建一种深紫色，可以使用 89 份红、0 份绿、127 份蓝，写为 rgb(89, 0, 127)，如图 7-11 所示。

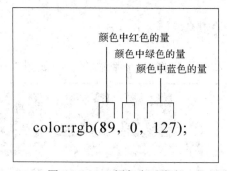

图 7-11　rgb 颜色表示含义

此外，也可以将每个值表示为百分数，但这种做法很少使用(可能与 Photoshop 等图像编辑器通常用数字表示 RGB 值有关)。如果使用百分数，可以将上面的颜色写为 rgb(35%, 0%, 50%)，因为 89 是 255 的 35%，127 是 255 的 50%。

7.5.3　RGBA 颜色

RGBA 在 RGB 的基础上增加了代表 alpha 透明度的量，即 A。alpha 透明度的一种常见的使用场景是将其用在对元素设置 background-color 或 background(均用于设置背景)。因为 alpha 透明度允许元素下面的任何东西(如图像、其他颜色、文本等)透过来并与元素混合在一起，所以也可以对其他基于颜色的属性使用 alpha 透明度，如 color、border、border-color、boxshadow、text-shadow 等。所有的现代浏览器都支持 alpha 透明度，但 IE9 之前的 Internet Explorer 除外。可以在红、绿、蓝数值后面加上一个用以指定透明度的 0 到 1 之间的小数。

alpha 设置越接近 0，颜色就越透明；如果设为 0，则表示完全透明，从视觉上来看就像没有设置任何颜色；如果设为 1，则表示完全不透明。RGBA 颜色示例如代码 7-15 所示。

```
/* 不透明，和 rgb(89, 0, 127) 效果相同 */
background-color: rgba(89,0,127,1);
/* 完全透明 */
background-color: rgba(89,0,127,0);
/* 25% 透明 */
background-color: rgba(89,0,127,0.75);
/* 60% 透明 */
background-color: rgba(89,0,127,0.4);
```

代码 7-15　RGBA 颜色示例

7.5.4　HEX 颜色

HEX 是 CSS 最常用的表示颜色的方法，其实质和 RGB 表示方法是一样的，也是通过三组数字来分别表示红色、绿色和蓝色在颜色中的量。只不过 RGB 是用十进制数表示，而 HEX 是用十六进制数表示。所以相较于 RGB，用 HEX 来表示颜色更简练。图 7-12 所示为使用 HEX 表示颜色示例。

图 7-12　HEX 颜色表示含义

对于图 7-12 中的#59007f，十六进制的 59、00、7f 分别等于 89、0、127。7F 和 7f 都是允许的写法(即字母的大小写均是合法的，本书统一使用小写)。

如果一个十六进制颜色是由三对重复的数字组成的，如 #ff3344，则可以缩写为#f34。这种做法也是一种最佳实践，因为没有理由使代码无谓地增长。

7.5.5　HSL 和 HSLA 颜色

HSL 和 HSLA 也是 CSS3 中新增的。HSLA 是除 RGBA 外，为颜色设置 alpha 透明度的另一种方式。使用 HSLA 指定 alpha 透明度的方法与使用 RGBA 是一致的。

HSL 代表色相(hue)、饱和度(saturation)和亮度(lightness)，其中色相的取值范围为 0～360；饱和度和亮度的取值均为百分数，范围为 0～100%；色相值 0 和色相值 360 在色谱图的顶部汇合，意思是 0 和 360 代表同一种颜色，即红色；饱和度和亮度设置会直接应用到颜色上(HSL 和 HSB、HSV 很相似，但它们不是一回事，因此不要混淆。CSS 不允许使用 HSB 和 HSV 表示颜色)。

第 8 章　CSS 选择器

CSS 样式规则有两个主要部分,选择器及声明选择器决定将格式化应用到哪些元素,而声明则定义要应用的格式化。在本章中,我们将学习如何定义 CSS 选择器。例如,如果要对所有的 p 元素添加 Georgia 字体、12 px 高的格式,就需要创建一个只识别 p 元素而不影响代码中其他元素的选择器;如果要对每个区域中的第一个 p 元素设置特殊的缩进格式,就需要创建一个稍微复杂一些的选择器,它只识别页面中每个区域的第一个元素的 p 元素。

选择器可以定义五个不同的标准来选择要进行格式化的元素。

- 元素的类型或名称。
- 元素所在的上下文。
- 元素的类或 ID。
- 元素的伪类或伪元素。
- 元素是否有某些属性和值。

为了指出目标元素,选择器可以使用这五个标准的任意组合。在大多数情况下,只使用一个或两个标准即可。另外,如果要对几组不同的元素应用相同的样式规则,可以将相同的声明同时应用于几个选择器。

8.1　元素选择器

元素选择器是指使用要格式化的元素名称作为 CSS 的选择器,它是最常用的 CSS 选择器。在 W3C 标准中,元素选择器又称为类型选择器(type selector),其示例如代码 8-1 所示。

```
h1 {color:red;}
```

代码 8-1　元素选择器示例

代码 8-1 所示的选择器会选择文档中所有的 h1 元素,并让它们显示为红色。

通配符 * (星号)匹配代码中的任何元素名称。例如,使用 * {border:2px solid green; }

会使每个元素都有一个 2 px 宽的绿色实线边框。通配符的匹配范围很广，使用它会使浏览器加载页面的速度变慢，因此应该谨慎使用。

8.2 类选择器

如果已经在元素中标识了 class 属性，就可以使用类选择器，选中所有指定的 class 属性值的元素。类选择器允许以一种独立于文档元素的方式来指定样式。

为了将类选择器的样式与元素关联，必须将 class 指定为一个适当的值，如代码 8-2 所示。

```
<h1 class="important">
This heading is very important.
</h1>
<p class="important">
This paragraph is very important.
</p>
```

代码 8-2　HTML 代码片段 1

在代码 8-2 中，两个元素的 class 都指定为 important，第一个为标题(h1 元素)，第二个为段落(p 元素)。

在代码 8-2 的基础上，可以使用以下语法向这些归类的元素应用样式，即类名前有一个点号(.)，如 CSS 代码 8-3 所示。

```
.important {color:red;}
```

代码 8-3　CSS 代码片段 1

类选择器可以结合元素选择器来使用。例如，如果希望只有段落显示为红色文本，则可以编写代码，如代码 8-4 所示。

```
p.important {color:red;}
```

代码 8-4　CSS 代码片段 2

选择器会匹配 class 属性包含 important 的所有 p 元素，但是其他任何类型的元素都不匹配，不论是否有此 class 属性。选择器 p.important 解释为："其 class 属性值为 important 的所有段落"。因为 h1 元素不是段落，这个规则的选择器与之不匹配，因此 h1 元素不会变成红色文本。

在 HTML 中，一个 class 值中可能包含一个词列表，各个词之间用空格分隔。例如，如果希望将一个特定的元素同时标记为重要(important)和警告(warning)，可以按照代码 8-5 所示代码片段进行编写。

```
<p class="important warning">
This paragraph is a very important warning.
</p>
```

代码 8-5　HTML 代码片段 2

词语 important 和 warning 之间没有先后顺序，因此也可以写为 warning important。

假设 class 为 important 的所有元素都是粗体，而 class 为 warning 的所有元素为斜体，class 中同时包含 important 和 warning 的所有元素还有一个银色的背景，则可以按照代码 8-6 所示代码片段进行编写。

```
.important {font-weight:bold;}
.warning {font-style:italic;}
.important.warning {background:silver;}
```

代码 8-6　CSS 代码片段 3

代码 8-6 通过把两个类选择器链接在一起，仅可以选择同时包含这些类名的元素(类名的顺序不限)。如果一个多类选择器包含一个类名列表中没有的类名，匹配就会失败。

在 IE7 之前的版本中，不同平台的 Internet Explorer 都不能正确地处理多类选择器。

8.3　ID 选择器

ID 选择器类似于 8.2 节中介绍的类选择器，如果已经在元素中标识了 id 属性，就可以使用 ID 选择器，选中所有指定的 id 属性值的元素。为了将类选择器的样式与元素关联，必须将 id 指定为一个适当的值。

ID 选择器的语法规则为：id 属性名称前面加一个#号(也称为棋盘号或井号)，如代码 8-7 所示。

```
<p id="intro">This is a paragraph of introduction.</p>
```

代码 8-7　HTML 代码片段 3

在代码 8-7 中，p 元素的 id 指定为 intro。

然后可以使用以下语法向该元素应用样式，如代码 8-8 所示。

```
#intro {font-weight:bold;}
```

代码 8-8　CSS 代码片段 4

ID 选择器和类选择器虽然有相似之处，但是还是有一些重要的区别：

- ID 选择器的符号为#号，而类选择器的符号为.号。

- 在 HTML 文档中，class 属性的值可以重复使用，也就是说一个 HTML 文档中允许有多个元素的 class 属性是相同的，通过类选择器即可选中这一批元素；而 id 属性的值在一个 HTML 文档中必须是唯一的，所以 ID 选择器只能选择一个元素。

- 在 HTML 文档中，id 属性不能使用空格分隔使用多个词，所以 CSS 的 ID 选择器不能多词结合使用。

8.4　属性选择器

CSS2 引入了属性选择器。属性选择器可以根据元素的属性及属性值来选择元素。

8.4.1　简单属性选择器

如果希望选择有某个属性的元素，而不论属性值是什么，可以使用简单属性选择器。例如，如果希望把包含标题(title)的所有元素变为红色，则可以按照代码 8-9 所示编写代码。

```
*[title] {color:red;}
```

代码 8-9　CSS 代码片段 5

如果希望只对有 href 属性的锚(a 元素)应用样式，则可以按照代码 8-10 所示编写代码。

```
a[href] {color:red;}
```

代码 8-10　CSS 代码片段 6

还可以根据多个属性进行选择，只需将属性选择器连接在一起即可。例如，如果希望将同时有 href 和 title 属性的 HTML 超链接的文本设置为红色，则可以按照代码 8-11

所示编写代码。

```
a[href][title] {color:red;}
```

代码 8-11　CSS 代码片段 7

8.4.2　属性值选择器

除了选择拥有某些属性的元素，还可以进一步缩小选择范围，只选择有特定属性值的元素。例如，如果希望将指向 Web 服务器上某个指定文档的超链接变成红色，则可以按照代码 8-12 所示编写代码。

```
a[href="http://www.w3school.com.cn/about_us.asp"] {color: red;}
```

代码 8-12　CSS 代码片段 8

另外，与简单属性选择器类似，可以把多个属性-值选择器链接在一起来选择一个文档，如代码 8-13 以及代码 8-14 所示。

```
a[href="http://www.w3school.com.cn/"][title="W3School"]{color: red;}
```

代码 8-13　CSS 代码片段 9

```
<a href="http://www.w3school.com.cn/" title="W3School">W3School</a>
<a href="http://www.w3school.com.cn/">CSS</a>
<a href="http://www.w3school.com.cn/" title="HTML">HTML</a>
```

代码 8-14　HTML 代码片段 4

这样会把代码 8-14 中的第一个超链接的文本变为红色，而第二个或第三个链接不受影响。

注意：这种格式要求指定值必须与属性值完全匹配。如果属性值包含用空格分隔的值列表，匹配就可能出问题，如代码 8-15 和代码 8-16 所示。

```
<p class="important warning">This paragraph is a very important warning.</p>
```

代码 8-15　HTML 代码片段 5

```
p[class="important warning"] {color: red;}
```

代码 8-16　CSS 代码片段 10

如果写为 p[class="important"]，则代码 8-16 所示 CSS 规则将不能匹配代码 8-15 所示标记。要根据具体属性值来选择该元素，必须按照代码 8-16 编写。

如果需要根据属性值中的词列表的某个词进行选择，则需要使用波浪号(~)。

例如，如果希望选择 class 属性中包含 important 的元素，可以使用代码 8-17 所示选择器实现。

```
p[class~="important"] {color: red;}
```

代码 8-17　CSS 代码片段 11

8.4.3　子串匹配属性选择器

在 CSS2 完成之后，W3C 组织又发布包含了更多的部分值属性选择器。按照规范的说法，应该称之为"子串匹配属性选择器"。很多现代浏览器都支持这些选择器，包括 IE7。表 8-1 是对这些选择器的简单总结。

表 8-1　子串匹配属性选择器

类　型	描　　述
[abc^="def"]	选择 abc 属性值以 "def" 开头的所有元素
[abc|="def"]	选取 abc 属性值以 "def" 开头的元素，该值必须是整个单词
[abc$="def"]	选择 abc 属性值以 "def" 结尾的所有元素
[abc*="def"]	选择 abc 属性值中包含子串 "def" 的所有元素

可以想到，这些选择器有很多用途。例如，如果希望对指向 W3School 的所有链接应用样式，而不必为这些链接指定 class，则根据这个类编写样式，只需编写如代码 8-18 所示的规则：

```
a[href*="w3school.com.cn"] {color: red;}
```

代码 8-18　CSS 片段 12

8.5　后代选择器

后代选择器(descendant selector)又称包含选择器。后代选择器可以选择作为某元素后代的元素。可以定义后代选择器来创建一些规则，使这些规则在某些文档结构中起作用，而在另外一些文档结构中不起作用。

例如，如果希望只对 h1 元素中的 em 元素应用样式，可以按照代码 8-19 以及代码 8-20 编写。

```
<h1>This is a <em>important</em> heading</h1>
<p>This is a <em>important</em> paragraph.</p>
```

代码 8-19　HTML 代码片段 6

```
h1 em {color:red;}
```

代码 8-20　CSS 代码片段 13

代码 8-20 所示规则会把作为 h1 元素后代的 em 元素的文本变为红色，其他 em 文本 (如段落或块引用中的 em)则不会被这个规则选中。

当然，也可以在 h1 中每个 em 元素上增加 class 属性，但是显然，后代选择器的效率更高。

在后代选择器中，规则左边的选择器一端包括两个或多个用空格分隔的选择器。选择器之间的空格是一种结合符(combinator)，每个空格结合符可以解释为 "...在...找到"、"...作为...的一部分"、"...作为...的后代"，但是要求必须从右向左读选择器。

因此，h1 em 选择器可以解释为 "作为 h1 元素后代的任何 em 元素"。

例如有一个文档，其中有一个边栏，还有一个主区。边栏的背景为蓝色，主区的背景为白色，这两部分都包含链接列表。不能将所有链接都设置为蓝色，如果这样做边栏中的链接将无法看到，解决方法是使用后代选择器。在这种情况下，可以为包含边栏的 div 指定值为 sidebar 的 class 属性，并把主区的 class 属性值设置为 maincontent，然后编写如代码 8-21 所示的 CSS 样式。

```
div.sidebar {background:blue;}
div.maincontent {background:white;}
div.sidebar a:link {color:white;}
div.maincontent a:link {color:blue;}
```

代码 8-21　CSS 代码片段 14

有关后代选择器有一个易被忽视的方面,即两个元素之间的层次间隔可以是无限的。

例如，如果写为 ul em，该选择器会选择从 ul 元素继承的所有 em 元素，无论 em 的嵌套层次有多深。

因此，ul em 将会选择代码 8-22 所示标记中的所有 em 元素。

```
<ul>
  <li>List item 1
    <ol>
      <li>List item 1-1</li>
      <li>List item 1-2</li>
      <li>List item 1-3
        <ol>
          <li>List item 1-3-1</li>
          <li>List item <em>1-3-2</em></li>
          <li>List item 1-3-3</li>
        </ol>
      </li>
      <li>List item 1-4</li>
    </ol>
  </li>
  <li>List item 2</li>
  <li>List item 3</li>
</ul>
```

代码 8-22　HTML 代码片段 7

8.6　子元素选择器

如果不希望选择任意的后代元素，而是希望缩小范围，只选择某个元素的子元素，则应使用子元素选择器(child selector)。例如，如果希望选择只作为 h1 元素的子元素 strong，可以按照代码 8-23 及代码 8-24 编写。

```
<h1>This is <strong>very</strong> <strong>very</strong> important.</h1>
<h1>This is <em>really <strong>very</strong></em> important.</h1>
```

代码 8-23　HTML 代码片段 8

```
h1 > strong {color:red;}
```

代码 8-24　CSS 代码片段 15

代码 8-24 所示规则会把代码 8-23 中第一个 h1 元素下的两个 strong 元素变为红色，但是第二个 h1 元素中的 strong 元素不受影响。

子元素选择器使用了大于号(子结合符)，且大于号两边可以有空白符(这是可选的)。如果从右向左读,选择器 h1 > strong 可以解释为"选择作为 h1 元素子元素的所有 strong 元素"。

8.7　相邻兄弟选择器

相邻兄弟选择器(adjacent sibling selector)可选择紧接在另一元素后的元素，且二者有相同的父元素。

例如，如果要增加紧接在 h1 元素后出现的段落的上边距，可以按照代码 8-25 编写。

```
h1 + p {margin-top:50px;}
```

代码 8-25　CSS 代码片段 16

代码 8-25 所示选择器可解释为："选择紧接在 h1 元素后出现的段落，h1 元素和 p 元素拥有共同的父元素"。

相邻兄弟选择器使用了加号(+)，即相邻兄弟结合符(adjacent sibling combinator)。与子结合符一样，相邻兄弟结合符旁边可以有空白符。

例如，在文档树片段代码 8-26 中，div 元素中包含两个列表，即一个无序列表，一个有序列表，每个列表都包含三个列表项。这两个列表是相邻兄弟，列表项本身也是相邻兄弟。但是，第一个列表中的列表项与第二个列表中的列表项不是相邻兄弟，因为这两组列表项不属于同一父元素(最多只能算堂兄弟)。

```
<div>
  <ul>
    <li>List item 1</li>
    <li>List item 2</li>
    <li>List item 3</li>
  </ul>
  <ol>
```

```
        <li>List item 1</li>
        <li>List item 2</li>
        <li>List item 3</li>
    </ol>
</div>
```

代码 8-26　　HTML 代码片段 9

8.8　伪类选择器

CSS 伪类(pseudo-classes) 用于在 HTML 文档中个性化地选择某些元素。CSS 伪类选择器的语法如图 8-1 所示。

图 8-1　伪类选择器语法示意图

8.8.1　锚伪类

在支持 CSS 的浏览器中，链接的不同状态都可以以不同的方式显示，这些状态包括活动状态、已被访问状态、未被访问状态和鼠标悬停状态。可以使用伪类选择器来判断链接的不同状态，为不同的状态定义不同的 CSS 样式，如代码 8-27 所示。

```
a:link {color: #ff0000}        /*  未访问的链接  */
a:visited {color: #00ff00}     /*  已访问的链接  */
a:hover {color: #ff00ff}       /*  鼠标移动到链接上  */
a:active {color: #0000ff}      /*  选定的链接  */
```

代码 8-27　　CSS 代码片段 17

在使用代码 8-27 所示锚伪类时，应注意如下事项：

- a:hover 必须被置于 a:link 和 a:visited 之后，才是有效的。

- a:active 必须被置于 a:hover 之后，才是有效的。

- 伪类名称对大小写不敏感。

8.8.2 :first-child 伪类

:first-child 伪类用来选择元素的第一个子元素。这个特定伪类很容易遭到误解，所以有必要举例来说明，如代码 8-28 所示。

```
<div>
    <p>These are the necessary steps:</p>
    <ul>
        <li>Intert Key</li>
        <li>Turn key <strong>clockwise</strong></li>
        <li>Push accelerator</li>
    </ul>
    <p>Do <em>not</em> push the brake at the same time as the accelerator.</p>
</div>
```

代码 8-28　HTML 代码片段 10

在代码 8-28 中，作为第一个元素的子元素包括第一个 p 元素、第一个 li、strong 和 em 元素。如果给定如代码 8-29 所示的 CSS 规则，则第一个规则将作为某个元素的第一个子元素的所有 p 元素设置为粗体，第二个规则将作为某个元素(在 HTML 中，该元素必然是 ol 元素或 ul 元素)的第一个子元素的所有 li 元素变成大写。

```
p:first-child {font-weight: bold;}
li:first-child {text-transform:uppercase;}
```

代码 8-29　CSS 代码片段 18

最常见的错误是认为 p:first-child 伪类选择器会选择 p 元素的第一个子元素。为了能更透彻地理解:first-child 伪类，可仔细阅读以下三个例子。

例 1：匹配第一个 p 元素。

在如代码 8-30 所示的例子中，选择器匹配作为任何元素的第一个子元素的 p 元素，所以只会影响到 body 元素中的第一个 p 元素，而第二个 p 元素不受影响。

```
<html>
    <head>
        <style type="text/css">
        p:first-child {
            color: red;
        }
        </style>
    </head>
    <body>
        <p>some text</p>
        <p>some text</p>
    </body>
</html>
```

代码 8-30　HTML 代码片段 11

例 2： 匹配所有 p 元素中的第一个 i 元素。

在如代码 8-31 所示的例子中，选择器匹配所有 p 元素中的第一个 i 元素，所以将影响每个 p 元素中的第一个 i 元素。

```
<html>
    <head>
        <style type="text/css">
        p > i:first-child {
        font-weight:bold;
        }
        </style>
    </head>
    <body>
        <p>some <i>text</i>. some <i>text</i>.</p>
        <p>some <i>text</i>. some <i>text</i>.</p>
    </body>
</html>
```

代码 8-31　HTML 代码片段 12

例 3：匹配所有作为元素的第一个子元素的 p 元素中的所有 i 元素。

在如代码 8-32 所示的例子中，选择器匹配所有作为元素的第一个子元素的 p 元素中的所有 i 元素。

```
<html>
    <head>
        <style type="text/css">
        p:first-child i {
        color:blue;
        }
        </style>
    </head>
    <body>
        <p>some <i>text</i>. some <i>text</i>.</p>
        <p>some <i>text</i>. some <i>text</i>.</p>
    </body>
</html>
```

代码 8-32　HTML 代码片段 13

8.9　伪元素选择器

CSS 伪元素(pseudo-elements)用于在 HTML 文档中选择元素的特定部分或位置。CSS 伪元素选择器的语法如图 8-2 所示。

图 8-2　伪元素选择器语法示意图

8.9.1 :first-line 伪元素

:first-line 伪元素用于向文本的首行设置特殊样式。

在代码 8-33 所示的例子中，浏览器会根据:first-line 伪元素中的样式对 p 元素的第一行文本进行格式化。

```
p:first-line{
    color:#ff0000;
    font-variant:small-caps;
}
```

代码 8-33　CSS 代码片段 19

:first-line 伪元素只能用于块级元素。

8.9.2 :first-letter 伪元素

:first-letter 伪元素用于向文本的首字母设置特殊样式。

在代码 8-34 所示的例子中，浏览器会根据:first-letter 伪元素中的样式对 p 元素的第一个字母进行格式化。

```
p:first-letter{
    color:#ff0000;
    font-size:2em;
}
```

代码 8-34　CSS 代码片段 20

8.9.3 :before 和:after 伪元素

:before 伪元素可以在元素的内容前面插入新的内容,:after 伪元素可以在元素的内容之后插入新的内容。

在如代码 8-35 所示的例子中，浏览器会根据:before 和:after 伪元素中的样式在 h1 元素的前面和后面插入图像。

```
h1:before{
    content:url(logo.gif);
}
h1:after{
    content:url(logo.gif);
}
```

代码 8-35　CSS 代码片段 21

8.10　分组选择器

分组选择器允许将多个选择器组合到一起，统一提供样式声明。例如，如果希望 h2 元素和段落都有灰色，为达到这个目的，最方便的做法是使用分组选择器，如代码 8-36 所示。

```
h2, p {color:gray;}
```

代码 8-36　CSS 代码片段 22

在代码 8-36 中，将 h2 和 p 选择器放在规则左边，然后用逗号分隔，就定义了一个规则。其右边的样式(color:gray;)将应用到这两个选择器所引用的元素中，而逗号告诉浏览器，规则中包含两个不同的选择器。如果没有这个逗号，那么规则的含义将完全不同，具体可参见后代选择器。

可以将任意多个选择器分组在一起，CSS 对此没有任何限制。

第 9 章　CSS 常用属性

浏览器会给页面添加极少量的默认样式，并且不同的浏览器其默认样式也有所不同。这就导致同样的 HTML 文档在不同的浏览器中却有不同的显示，所以本书推荐 Web 页面的开发者使用 CSS 来明确定义自己的 HTML 页面的样式，而不是依赖于浏览器的默认样式。

使用 CSS 可以修改文本的字体、大小、粗细、倾斜、行高、前景和背景颜色、间距和对齐方式；可以决定是否为文本添加下划线或删除线；可以将文本转化为全部使用大写字母、全部使用小写字母或使用小型大写字母；可以通过短短几行代码让这些样式应用于整篇文档或整个网站。

本章按照内容进行划分，读者可以集中学习 CSS 一些重要的样式属性。通过学习这些重要的样式属性，读者可以按照自己的想法去设置自己所编写的 HTML 网页的大多数样式，并且可以使之成为学习其他 CSS 样式的基础。在以后的学习和开发过程中，读者可以不断地积累更多的 CSS 样式属性的使用方式。

9.1　背　　景

我们在设置背景样式时有很多选择，可以为单个元素设置背景；也可以为整个页面设置背景；还可以为单个元素和整个页面的任意组合设置背景，这样便可以对几个段落、几个单词、不同状态的链接、内容区域等设置背景。总之，可以对几乎所有的元素应用背景样式，甚至是表单和图像(图像也可以有背景图像)。有很多属性可以用于设置背景，包括 background-color、background-image、background-repeat、background-attachment 以及 background-position 等；还可以使用 background 简记法，该属性合并了上述属性，从而可以节省大量的输入。本节将介绍这些属性。

9.1.1　背景色

可以使用 background-color 属性为元素设置背景色。该属性接受任何合法的颜色值，如代码 9-1 所示。

```
p {background-color: gray;}
```

代码 9-1　CSS 代码片段 1

代码 9-1 用于将元素的背景颜色设置为灰色。

可以为所有元素设置背景色，这包括从 body 一直到 em 和 a 等行内元素。

background-color 属性不能继承，其默认值是 transparent。transparent 有 "透明" 之意。也就是说，如果一个元素没有指定背景色，则其背景就是透明的，这样其祖先元素的背景才可见。

9.1.2　背景图像

要把图像设置为背景，需要使用 background-image 属性。background-image 属性的默认值是 none，表示背景上没有放置任何图像。

如果需要设置一个背景图像，则必须为这个属性设置一个 URL 值，如代码 9-2 所示。

```
body {background-image: url(/i/eg_bg_04.gif);}
```

代码 9-2　CSS 代码片段 2

代码 9-2 用于将图像 eg_bg_04.gif 设置为 body 元素的背景图像。

可以为任何希望设置背景的元素设置背景属性，甚至包括行内元素(例如 a 元素)，如代码 9-3 所示。

```
a.radio {background-image: url(/i/eg_bg_07.gif);}
```

代码 9-3　CSS 代码片段 3

理论上讲，甚至可以对 textarea 和 select 等替换元素的背景应用图像，不过并不是所有浏览器都能很好地处理这种情况。

同样的，background-image 属性也不能继承。事实上，所有的背景属性都不能继承。

9.1.3 背景重复

可以使用 background-repeat 属性来控制背景图像在元素上的重复显示行为。该属性的默认值为 repeat。

background-repeat 属性值的含义如表 9-1 所示。

表 9-1　background-repeat 属性值一览

属性值	含　义
repeat	图像在水平方向、垂直方向上都重复
repeat-x	图像在水平方向上重复
repeat-y	图像在垂直方向上重复
no-repeat	不允许图像在任何方向上重复

如果设置为不重复(no-repeat)，则背景图像将从一个元素的左上角开始。当元素的尺寸大于背景图像的尺寸时，则会出现背景图像没有铺满整个元素的现象，如代码 9-4 所示。

```
<!DOCTYPE html>
<html>
    <head>
        <meta charset="utf-8">
        <title>背景重复示例</title>
        <style>
            body{
                background-image: url(bg-cell.jpg);
                background-repeat: no-repeat;
            }
        </style>
    </head>
    <body>
    </body>
</html>
```

代码 9-4　HTML 代码片段 1

代码 9-4 在浏览器中的显示效果如图 9-1 所示。

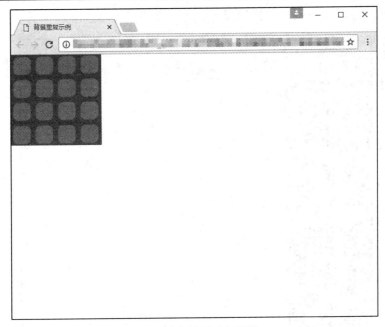

图 9-1　背景不重复效果

如果将 background-repeat 属性设置为 repeat-x，则其效果如图 9-2 所示。

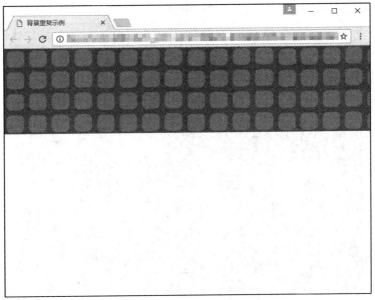

图 9-2　背景水平重复效果

如果将 background-repeat 属性设置为 repeat-y，则其效果如图 9-3 所示。

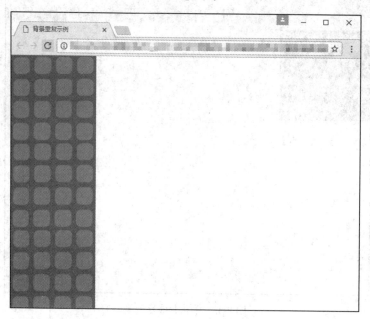

图 9-3　背景垂直重复效果

如果将 background-repeat 属性设置为 repeat，则其效果如图 9-4 所示。

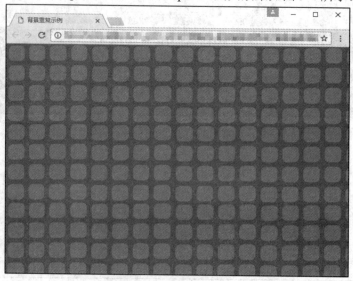

图 9-4　背景重复效果

9.1.4　背景定位

可以利用 background-position 属性改变图像在背景中的位置。可以使用以下几种方法为 background-position 属性赋值：

- **关键字：** 可以使用 top、bottom、left、right 和 center 五个关键字来为 background-position 属性赋值。background-position 属性允许由两个关键字来定义背景定位，一个对应水平方向，另一个对应垂直方向。例如，background-position : top left 可以使背景图像放置在元素内边距区的左上角。同时，background-position 属性也允许只给定一个关键字，此时则认为另一个关键字是 center。例如，background-position : top 等价于 background-position : top center。

- **百分数值：** 百分数值的表现方式更为复杂。例如，如果希望用百分数值将图像在其元素中居中，background-position:50% 50%就可以实现，这会将图像中心与其元素的中心对齐放置，其中心与其元素的中心对齐，即百分数值同时应用于元素和图像。也就是说，图像中描述为 50% 50%的点(中心点)与元素中描述为 50% 50%的点(中心点)对齐。

    如果图像位于 0% 0%，则其左上角将与元素内边距区的左上角对齐；如果图像位置是 100% 100%，则其右下角将与元素右边距的右下角对齐。

    如果只有一个百分数值，则该值将作为水平值，垂直值将假设为 50%。这一点与关键字类似。

- **长度值：** 长度值解释的是元素内边距区左上角的偏移，偏移点是图像的左上角。例如，如果设置值为 50px 100px(background-position:50px 100px)，则图像的左上角将在元素内边距区左上角向右 50 px、向下 100 px 的位置上。注意，这一点与百分数值不同，因为偏移只是从一个左上角到另一个左上角。也就是说，图像的左上角与background-position 声明中的指定的点对齐。

9.1.5　背景关联

如果网页超过了屏幕高度，则当文档向下滚动时，背景图像也会随之滚动。当文档滚动到超过图像的位置时，图像就会消失。可以通过 background-attachment 属性防止这种滚动。通过该属性可以声明图像相对于可视区是固定的(fixed)，因此背景图像不会受到滚动的影响，例如 background-attachment:fixed。background-attachment 属性的默认值是 scroll，也就是说，在默认的情况下，背景会随文档滚动。

9.1.6　背景简记

使用 background 简记法可以将所有与背景相关的单独的声明压缩成一条规则。这种简记法可以同时设置如下属性：

- background-color。
- background-origin。
- background-position。
- background-clip。
- background-size。
- background-attachment。
- background-repeat。
- background-image。

如果不设置其中的某个值，也不会出问题，例如 background:#ff0000url('smiley.gif') 也是允许的。

通常建议使用 background 这个属性，而不是分别使用单个属性，因为这个属性在较老的浏览器中能够得到更好的支持，而且需要输入的字母也更少。

9.2　文　　本

CSS 文本属性可定义文本的外观。通过文本属性，可以改变文本的颜色、字符间距、对齐文本、装饰文本、对文本进行缩进等。

9.2.1　文本颜色

使用 color 属性设定文本的颜色。该属性有如下几种设置值的方式：

- 基本颜色关键字。
- RGB 代码的颜色。
- 十六进制值的颜色。
- inherit：从父元素继承颜色。

9.2.2　文本尺寸

使用 font-size 属性可以设置字体的尺寸。实际上，该属性设置的是字体中字符框的高度，实际的字符字形可能比这些字符框高或矮(通常会矮)。

该属性有如下几种设置值的方式：

- 尺寸关键字：small、medium、large，smaller 设置为比父元素更小的尺寸，larger 设置为比父元素更大的尺寸。

- 固定值：例如 16px，2em 等。

- 百分比：把 font-size 设置为基于父元素的一个百分比值。

- inherit：从父元素继承字体尺寸。

设置文本尺寸属性可参见代码 9-5。

```
<!DOCTYPE html>
<html lang="en">
    <head>
        <meta charset="utf-8">
        <title>Document</title>
        <style>
            #small { font-size: small; }
            #medium { font-size: medium; }
            #large { font-size: large; }
        </style>
    </head>
    <body>
        <span id="small">较小的文本</span>
        <span id="medium">中等的文本</span>
        <span id="large">较大的文本</span>
    </body>
</html>
```

代码 9-5　HTML 代码片段 2

代码 9-5 的显示效果如图 9-5 所示。

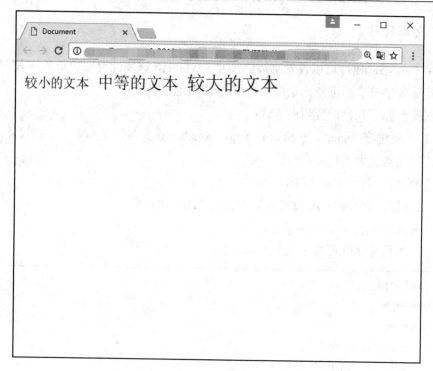

图 9-5　文本尺寸关键字效果

9.2.3　文本字体

使用 font-family 属性可以定义文本的字体系列。在 CSS 中，有两种不同类型的字体系列名称：

- 通用字体系列：拥有相似外观的字体系统组合(例如，"Serif"或"Monospace")。
- 特定字体系列：具体的字体系列(例如，"Times"或"Courier")。

除了各种特定的字体系列外，CSS 还定义了以下五种通用字体系列：

- Serif 字体。
- Sans-serif 字体。
- Monospace 字体。
- Cursive 字体。
- Fantasy 字体。

如果希望文档中使用 Sans-serif 通用字体系列，但不需要指定具体是哪一种字体，可设置为 font-family: Sans-serif 来实现。这样设置后,浏览器终端就会从 Sans-serif 字体系列中选择一个字体(如 Helvetica),并将其应用到 body 元素中。因为有继承,这种字体选择还将应用到 body 元素包含的所有元素中,除非有一种更特定的选择器将其覆盖。

除了使用通用的字体系列,还可以通过 font-family 属性设置更具体的字体,例如设置为 font-family:Georgia。但这样的规则同时会产生另外一个问题,如果浏览器终端上没有安装 Georgia 字体,就只能使用浏览器终端的默认字体来显示。可以通过结合特定字体名和通用字体系列来解决这个问题。例如,设置为 font-family: Georgia, Serif 后,如果用户没有安装 Georgia 字体,但却安装了 Times 字体(Serif 字体系列中的一种),浏览器终端可能会使用 Times 字体。尽管 Times 与 Georgia 并不完全匹配,但至少足够接近。

因此,建议在所有 font-family 规则中都提供一个通用字体系列。这样就提供了一条后路,在浏览器终端无法提供与规则匹配的特定字体时,就可以选择一个候选字体。

如果设计者对字体非常熟悉,也可以为给定的元素指定一系列类似的字体。要做到这一点,需要把这些字体按照优先顺序排列,然后用逗号进行连接。例如,font-family: Times, TimesNR, 'New Century Schoolbook',Georgia, 'New York', serif,其中,字体列表被称为字体栈(font stack)。通常,字体栈至少包含三个字体,即希望使用的字体、一个或几个替代字体,以及一个表示类属的标准字体,表示"如果其他的字体都不可用,就用这个"。

9.2.4　文本缩进

使用 text-indent 属性,所有元素的第一行都可以缩进一个给定的长度,甚至该长度可以是负值。代码 9-6 所示的规则会使所有段落的首行缩进 5 em。

```
p {text-indent: 5em;}
```

代码 9-6　CSS 代码片段 4

text-indent 还可以设置为负值。text-indent 的这个特点可以实现很多有趣的效果,比如"悬挂缩进",即第一行悬挂在元素中余下部分的左边,如代码 9-7 所示。

```
p {text-indent: -5em;}
```

代码 9-7　CSS 代码片段 5

注意,如果对一个段落设置了负值,那么首行的某些文本可能会超出浏览器窗口的左边界。为了避免出现这种显示问题，建议针对负缩进再设置一个外边距或一些内边距，如代码 9-8 所示。

```
p {text-indent: -5em; padding-left: 5em;}
```

代码 9-8　CSS 代码片段 6

text-indent 可以使用所有的长度单位，包括百分比值。百分数要相对于缩进元素父元素的宽度。换句话说，如果将缩进值设置为 20%，所影响元素的第一行会缩进其父元素宽度的 20%。

9.2.5　水平对齐

text-align 是 CSS 文本的基本属性，它会影响元素中文本行之间的对齐方式。

text-align 属性的值 left、right 和 center 会使元素中的文本左对齐、右对齐和居中对齐。西方语言都是从左向右读，所有 text-align 的默认值是 left，即文本在左边界对齐，右边界呈锯齿状(称为"从左到右"文本)；而对于如希伯来语和阿拉伯语，text-align 则默认为 right，因为这些语言从右向左读。center 会使每个文本行在元素中居中。

读者可能会认为 text-align:center 与<CENTER>元素的作用一样，但实际上二者大不相同。

<CENTER>不仅影响文本，还会使整个元素居中；text-align 不会控制元素的对齐，它只影响元素内部的内容，即元素本身不会从一端移到另一端，只是其中的文本受影响。

值 justify 用于设置文本两端对齐。在两端对齐文本中，文本行的左右两端都放在父元素的内边界上。之后，可调整单词和字母间的间隔，使各行的长度恰好相等。读者也许已经注意到了，文本两端对齐在打印中经常使用。

9.2.6　词间隔

word-spacing 属性可以改变单词之间的标准间隔。其默认值 normal 与设置值为 0 是一样的。

word-spacing 属性接受一个正长度值或负长度值。如果为 word-spacing 设置一个正长度值，则字之间的间隔会增加；如果设置一个负值，则字之间的间隔会缩小，如代码 9-9 所示。

```
<html>
    <head>
        <style type="text/css">
        p.spread {word-spacing: 30px;}
        p.tight {word-spacing: -0.5em;}
        </style>
    </head>
    <body>
        <p class="spread">This is some text. This is some text.</p>
        <p class="tight">This is some text. This is some text.</p>
    </body>
</html>
```

代码 9-9　HTML 代码片段 3

代码 9-9 的显示效果如图 9-6 所示。

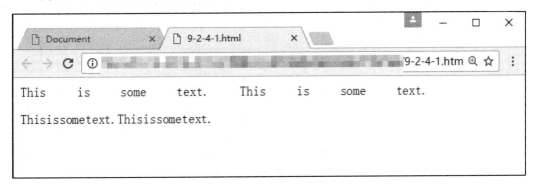

图 9-6　词间隔效果图

9.2.7　字间隔

letter-spacing 属性与 word-spacing 属性的区别在于，字间隔(letter-spacing 属性)修改的是字符或字母之间的间隔。

与 word-spacing 属性一样，letter-spacing 属性的可取值包括所有长度。默认值是 normal，也可以设置为 letter-spacing:0，效果是一样的。输入的长度值会使字母之间的间隔增加或减少指定的量，如代码 9-10 所示。

```
<html>
    <head>
        <style type="text/css">
        h1 {letter-spacing: -0.5em}
        h4 {letter-spacing: 20px}
        </style>
    </head>
    <body>
        <h1>This is header 1</h1>
        <h4>This is header 4</h4>
    </body>
</html>
```

代码 9-10　HTML 代码片段 4

代码 9-10 的显示效果如图 9-7 所示。

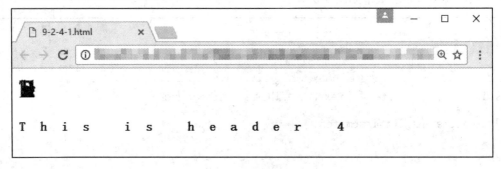

图 9-7　字间隔效果图

9.2.8　字符转换

text-transform 属性用于处理文本的大小写。该属性有 4 个值：none、lowercase、uppercase、capitalize。

默认值 none 对文本不做任何改动，将使用源文档中的原有大小写；uppercase 和 lowercase 将文本转换为全大写和全小写字符；capitalize 只对每个单词的首字母大写。

一般情况下，text-transform 属性很少使用，但如果希望把所有的 h1 元素变为大写，这个属性就很有用。不必单独地修改所有 h1 元素的内容，只需使用 text-transform 就可以实现，如代码 9-11 所示。

```
<html>
    <head>
        <style type="text/css">
            h1 {text-transform: uppercase}
            p.uppercase {text-transform: uppercase}
            p.lowercase {text-transform: lowercase}
            p.capitalize {text-transform: capitalize}
        </style>
    </head>
    <body>
        <h1>This Is An H1 Element</h1>
        <p class="uppercase">This is some text in a paragraph.</p>
        <p class="lowercase">This is some text in a paragraph.</p>
        <p class="capitalize">This is some text in a paragraph.</p>
    </body>
</html>
```

代码 9-11　HTML 代码片段 5

代码 9-11 的显示效果如图 9-8 所示。

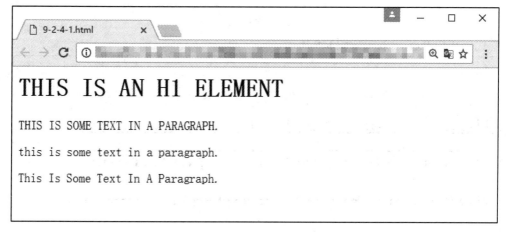

图 9-8　字符转换效果

9.2.9　文本装饰

text-decoration 有 4 个值：

- none：取消文本装饰。
- underline：为文本添加下划线。
- overline：为文本添加上划线。
- line-through：为文本添加删除线。

文本装饰示例如代码 9-12 所示。

```
<html>
    <head>
        <style type="text/css">
        </style>
    </head>
    <body>
        <h1 style="text-decoration: underline;">This is some text in a paragraph.</h1>
        <h1 style="text-decoration: overline;">This is some text in a paragraph.</h1>
        <h1 style="text-decoration: line-through;">This is some text in a paragraph.</h1>
    </body>
</html>
```

代码 9-12　HTML 代码片段 6

代码 9-12 的显示效果如图 9-9 所示。

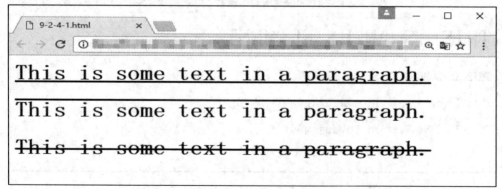

图 9-9　文本装饰效果

9.2.10　行高

　　line-height 属性可以设置行间的距离(行高)。HTML 的文本默认以基线水平对齐，而 line-height 属性设置的是两行文本的基线之间的距离，如图 9-10 所示。

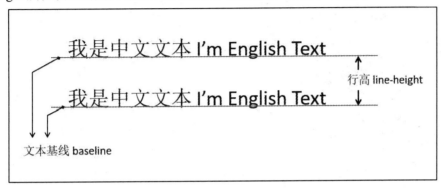

图 9-10　行高说明示意图

9.3　表　　格

9.3.1　表格边框

　　使用 border 属性可以为表格设置边框，如代码 9-13 所示。

```
<html>
    <head>
        <style type="text/css">
        table,th,td { border:1px solid blue;}
        </style>
    </head>
    <body>
        <table>
            <tr>
                <th>Firstname</th>
```

```
                    <th>Lastname</th>
            </tr>
            <tr>
                    <td>Bill</td>
                    <td>Gates</td>
            </tr>
            <tr>
                    <td>Steven</td>
                    <td>Jobs</td>
            </tr>
        </table>
    </body>
</html>
```

代码 9-13　HTML 代码片段 7

代码 9-13 的显示效果如图 9-11 所示。

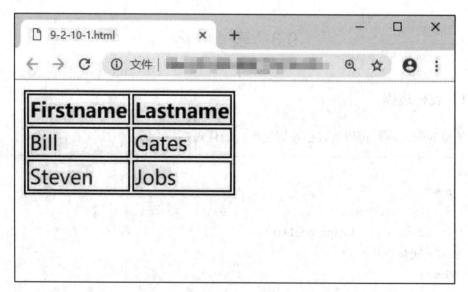

图 9-11　表格边框效果

注意，图 9-11 中的表格具有双线条边框，这是由于代码 9-13 中的 table、th 以及 td 元素都有独立的边框。

9.3.2　折叠边框

border-collapse 属性可以设置是否将表格边框折叠为单一边框，如代码 9-14 所示。

```html
<html>
    <head>
        <style type="text/css">
            table{border-collapse:collapse;}
            table, td, th{border:1px solid black;}
        </style>
    </head>
    <body>
        <table>
            <tr>
                <th>Firstname</th>
                <th>Lastname</th>
            </tr>
            <tr>
                <td>Bill</td>
                <td>Gates</td>
            </tr>
            <tr>
                <td>Steven</td>
                <td>Jobs</td>
            </tr>
        </table>
    </body>
</html>
```

代码 9-14　HTML 代码片段 8

代码 9-14 的显示效果如图 9-12 所示。

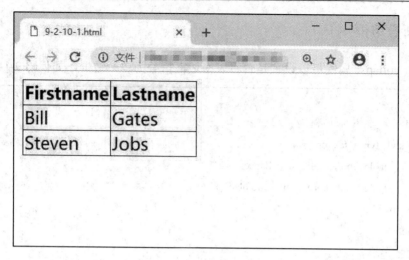

图 9-12   表格边框效果图

9.3.3   表格尺寸

通过 width 和 height 属性可以定义表格的宽度和高度，如代码 9-15 所示。

```
<html>
    <head>
        <style type="text/css">
            table,td,th{border:1px solid black; border-collapse: collapse;}
            table{width:80%;}
            th{height:40px;}
        </style>
    </head>
    <body>
        <table>
        <tr>
            <th>Firstname</th>
            <th>Lastname</th>
        </tr>
        <tr>
            <td>Bill</td>
```

```
                    <td>Gates</td>
                </tr>
                <tr>
                    <td>Steven</td>
                    <td>Jobs</td>
                </tr>
            </table>
        </body>
</html>
```

代码 9-15　HTML 代码片段 9

代码 9-15 的显示效果如图 9-13 所示。

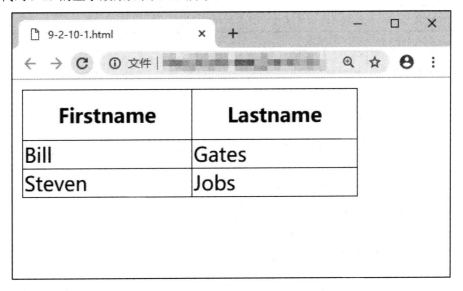

图 9-13　表格尺寸效果

9.3.4　文本对齐

　　text-align 和 vertical-align 属性可以设置表格中文本的对齐方式。text-align 用于设置水平方向的对齐，取值为 left、right 和 center；vertical-align 用于设置垂直方向的对齐，取值如表 9-2 所示。

表 9-2　vertical-align 属性值列表

值	描　述
baseline	默认。元素放置在父元素的基线上
sub	垂直对齐文本的下标
super	垂直对齐文本的上标
top	将元素的顶端与行中最高元素的顶端对齐
text-top	将元素的顶端与父元素字体的顶端对齐
middle	将此元素放置在父元素的中部
bottom	将元素的顶端与行中最低元素的顶端对齐
text-bottom	将元素的底端与父元素字体的底端对齐
inherit	规定应该从父元素继承 vertical-align 属性的值

文本对齐示例如代码 9-16 所示。

```
<html>
    <head>
        <style type="text/css">
            table,td,th{border:1px solid black; border-collapse: collapse;}
            table{width:80%;}
            th{height:40px; vertical-align: top;}
            #left{text-align: left;}
            #center{text-align: center;}
            #right{text-align: right;}
        </style>
    </head>
    <body>
        <table>
            <tr>
                <th>Firstname</th>
                <th>Lastname</th>
            </tr>
            <tr>
```

```
                <td id="left">Bill</td>
                <td id="center">Gates</td>
            </tr>
            <tr>
                <td id="right">Steven</td>
                <td>Jobs</td>
            </tr>
        </table>
    </body>
</html>
```

代码 9-16　HTML 代码片段 10

代码 9-16 的显示效果如图 9-14 所示。

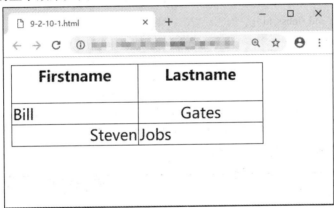

图 9-14　文本对齐效果

9.3.5　内边距

使用 padding 属性可以设置表格单元格的内边距，如代码 9-17 所示。

```
<html>
    <head>
        <style type="text/css">
            table{border-collapse:collapse;}
            table, td, th{border:1px solid black; padding: 15px;}
        </style>
```

```
        </head>
        <body>
            <table>
                <tr>
                    <th>Firstname</th>
                    <th>Lastname</th>
                </tr>
                <tr>
                    <td>Bill</td>
                    <td>Gates</td>
                </tr>
                <tr>
                    <td>Steven</td>
                    <td>Jobs</td>
                </tr>
            </table>
        </body>
</html>
```

代码 9-17　HTML 代码片段 11

代码 9-17 的显示效果如图 9-15 所示。

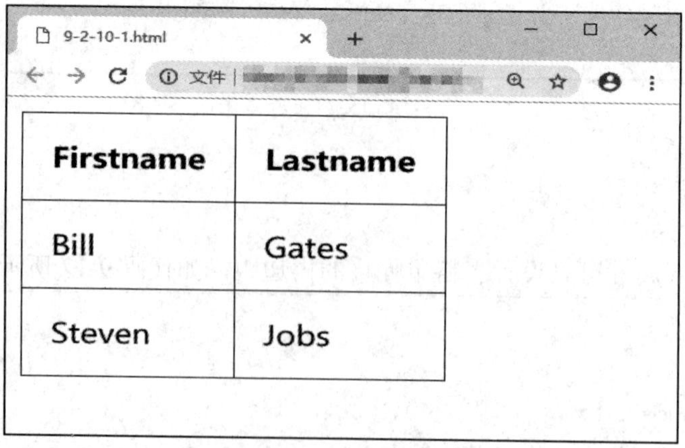

图 9-15　内边距效果

第 10 章　CSS 框模型

元素是文档结构的基础，在 CSS 中，每个元素生成一个包含元素内容的框(box，也译为"盒子")。CSS 框模型(Box Model)规定了元素框处理元素显示的方式。CSS 框模型是 CSS 定位的基础。

10.1　框的基本属性

CSS 将每个元素视为一个由内容、内边距、边框、外边距组成的框。其具体含义如图 10-1 所示，具体介绍见下。

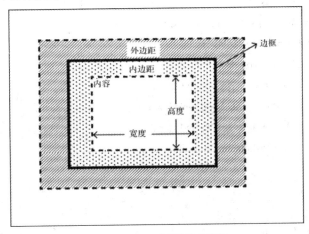

图 10-1　CSS 框模型示意图

10.1.1　宽度与高度：width 和 height

内容区域：元素框的最内部分是实际内容。在 CSS 中，width 和 height 指的是内容区域的宽度和高度。增加内边距、边框和外边距不会影响内容区域的尺寸，但是会增加元素框的总尺寸。

10.1.2　内边距：padding

内边距指的是内容区域和边框之间的区域，使用 padding 属性可以设置该区域的尺寸。padding 属性可以接受 1 个值，也可以接受 4 个值。给 padding 属性设置 1 个值时，意味着 4 个方向的内边距都为该值；给 padding 属性设置 4 个值时，则按照顺序分别设置上、右、下、左 4 个方向的内边距的值。

10.1.3　边框：border

边框指的是内边距的边缘。使用 border 属性可以设置盒子边框的样式。border 属性可以接受三个值，分别为边框宽度、线型、颜色，如代码 10-1 所示。

```
<html>
  <head>
    <style type="text/css">
      div {width: 400px; height: 100px; margin: 10px;}
      #box1 { border: 2px solid black; }
      #box2 { border: 2px dotted black; }
      #box3 { border-top : 2px dotted black;
              border-right: 2px double black;
              border-left: 2px dashed black;
              border-bottom: 2px solid black;}
    </style>
  </head>
  <body>
    <div id="box1"></div>
    <div id="box2"></div>
    <div id="box3"></div>
  </body>
</html>
```

代码 10-1　HTML 代码片段 1

代码 10-1 的显示效果如图 10-2 所示。

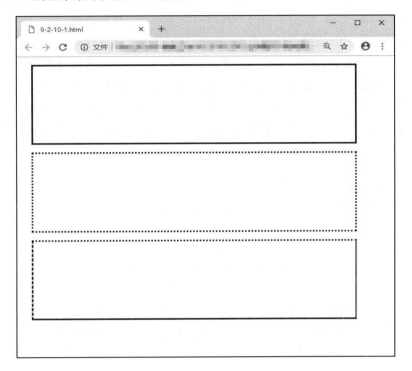

图 10-2　边框效果图

在代码 10-1 中，使用到的边框属性 border 简写属性在一个声明设置所有的边框属性。可以按顺序设置如下值：

- border-width：边框宽度。
- border-style：边框线型。
- border-color：边框颜色。

10.1.4　外边距：margin

外边距指的是元素和其他元素之间的间距。外边距默认是透明的，因此不会遮挡其后的任何元素。外边距可以使用 margin-top、margin-right、margin-left、margin-bottom 来分别设置上、左、右、下 4 个方向的外边距，也可以使用 margin 简写属性在一个声明中设置所有的外边距属性。该属性可以有 1～4 个值，当只设置一个值时，意味着 4 个方向的外边距都为该值；当设置 4 个值时，则分别按照顺序设置上、右、下、左 4 个方向的外边距的值。

需要说明的是，背景应用于由内容和内边距、边框组成的区域中。

通过测试，不同的浏览器对元素的 margin、padding 属性设置了不同的默认值，不同的浏览器对元素的 border 属性的默认值设置也有所不同，这就使得编写的网页文件如果不特别设置 margin、padding 和 border 属性，那么在不同的浏览器中显示的效果可能会有所不同。为了去掉这些差异，使得页面在不同的浏览器中都有一致的显示效果，通常会使用 CSS 先将页面所有元素的 margin、padding 和 border 属性归零，然后再分别进行具体的设置，如代码 10-2 所示。

```
* { margin : 0; padding : 0; border : 0;}
```

代码 10-2　CSS 代码片段

10.2　框 的 分 类

在 CSS 中，不同元素的显示方式会有所不同，例如 div 和 span、strong、p。因此，本书对框模型中的框进行了分类。在 CSS 框模型中，框主要分为如下三类：
- 块级元素，称为 block。
- 行级元素，称为 inline。
- 行内块元素，称为 inline-block。

下面分别对这三类元素进行说明。

10.2.1　块级元素

块级元素 block 有如下三个显著特点：
- 块级元素会独占一行，其宽度自动填满其父元素的宽度。
- 块级元素可以设置 width、height 属性。注意：即使为块级元素设置了宽度，其仍然是独占一行的。
- 块级元素可以设置 margin 和 padding 属性。

块级元素示例如代码 10-3 所示。

```
<html>
    <head>
```

```
        <style type="text/css">
                div {margin: 10px; border: 2px dotted black; background-color: #ccc; height: 100px;}
        </style>
    </head>
    <body>
        <div id="box1" style="width: 300px"></div>
        <div id="box2"></div>
        <div id="box3"></div>
    </body>
</html>
```

代码 10-3　HTML 代码片段 2

代码 10-3 的显示效果如图 10-3 所示。

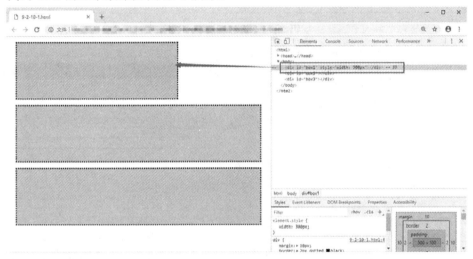

图 10-3　块级元素效果图

代码 10-3 中的第一个 div 元素设置了宽度为 300 px，但仍然是独占一行的；而其他两个 div 元素没有设置宽度，则其宽度自动填满了其父元素的宽度。

HTML 中常见的块级元素包括 div、p、h1～h6 等。

10.2.2　行级元素

行级元素 inline 有如下三个显著特点：

- 行级元素不会独占一行，相邻的行级元素会排列在同一行里，直到一行排不下时才会换行，且其宽度会随元素的内容而变化。
- 行级元素设置 width、height 属性无效。
- 行级元素设置 margin 和 padding 属性在上下方向无效，但在左右方向有效。

行级元素示例如代码 10-4 所示。

```
<html>
    <body>
        <span style="padding:10px;">我是一个行级元素</span>
        <strong>我是另一个行级元素</strong>
        <a href="#" style="height: 100px; width: 100px;">我是一个超链接，也是一个行级元素</a>
    </body>
</html>
```

代码 10-4　HTML 代码片段 3

代码 10-4 的显示效果如图 10-4 所示。

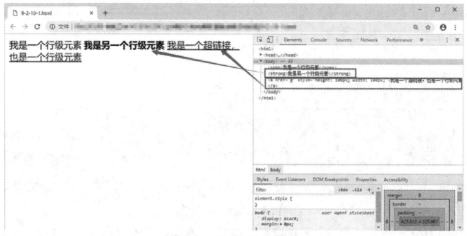

图 10-4　行级元素效果图

在代码 10-4 中，作为行级元素的 span 元素，设置了 padding:10px，但是在页面的显示上，只有左右方向显示了内边距的效果，而上下方向并没有显示内边距的效果；作为行级元素的超链接 a 元素，设置了其宽度和高度，但是在页面的显示上并没有起作用。所以对行级元素设置 width 和 height 属性是无效的，其宽度和高度只取决于显示内容的尺寸。

在 HTML 中，span、a、img、input 等都是常见的行级元素。

10.2.3 行内块元素

行内块元素 inline-block，顾名思义，就是既有行内元素的特点，也有块级元素的特点。

- 行内块元素不会独占一行，相邻的行级元素会排列在同一行里。
- 行内块元素可以设置 width、height 属性。
- 行内块元素可以设置 margin 和 padding 属性。

行内块元素示例如代码 10-5 所示。

```
<html>
    <body>
        <span style="padding:10px;">我是一个行级元素</span>
        <strong>我是另一个行级元素</strong>
        <a href="#" style="height: 100px; width: 100px;">我是一个超链接，也是一个行级元素</a>
        <button style="padding: 10px; margin: 10px; height: 80px;">我是一个按钮，我是行内块元素
</button>
    </body>
</html>
```

代码 10-5 HTML 代码片段 4

代码 10-5 的显示效果如图 10-5 所示。

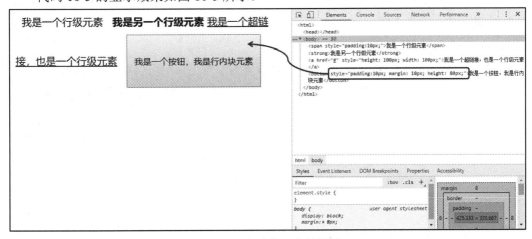

图 10-5 行内块元素效果图

在代码 10-5 中，button 元素是一个行内块元素，与相邻的行级元素排列在同一行里。但是对其设置的 width、height 属性和 padding、margin 属性都生效，这点又与块级元素一致。

在了解了 CSS 框的分类后，现在来思考一下这三种分类的内部逻辑和含义：

· 块级元素一般用来搭建网站架构、布局、承载内容，在 HTML 页面中主要体现的是页面中的某个区域的作用。

· 行级元素一般用于网站内容中的某些细节或者部位，用以强调、区分样式、上标、下标、锚点等。

· 行内块元素是用于块级元素和行级元素的中间部分。

在 CSS 中，元素的框类型是可以改变的，在元素上使用 display 属性可以人为地指定元素的框类型。display 属性值的列表如表 10-1 所示。

表 10-1　display 属性值

值	描　　述
none	此元素不会被显示
block	此元素将显示为块级元素，其前后带有换行符
inline	默认。此元素会被显示为内联元素，其前后没有换行符
inline-block	行内块元素(CSS2.1 新增的值)
inherit	规定应该从父元素继承 display 属性值

实际上，display 属性的值远不止表 10-1 中的五种，这里列出来的五种是最常用的，读者如果还想了解更多的 display 属性值的内容，可以访问网址：http://www.w3school. com.cn/cssref/pr_class_display.asp 查阅。

利用 display 属性，可以把 HTML 元素设置为不可见，也可以将原本的块级元素改变为行级元素来显式。应谨慎使用 display，因为可能会违反 HTML 中已经定义的显示层次结构。

第 11 章 CSS 定位机制

CSS 为定位和浮动提供了一些属性,利用这些属性,可以按照页面设计来控制 HTML 页面的布局,例如将布局的一部分与另一部分重叠,还可以完成通常需要使用多个表格才能完成的任务。

定位的基本思想很简单,它允许设计者定义元素框相对于其正常位置应该出现的位置,或者相对于父元素、另一个元素甚至浏览器窗口本身的位置。显然,这个功能非常强大,也很让人吃惊。

CSS 定位机制是建立在 10.1 节 CSS 框模型的基础上的,也就是说 CSS 是将 HTML 的一切元素视为 CSS 的框,然后按照一定的规则和设置来决定如何显示这些框以及它们的相互位置关系的。

CSS 有四种基本的定位机制:普通流定位、相对定位、绝对定位和浮动定位。

11.1 普通流定位

除非专门指定,否则所有框都在普通流中定位。也就是说,普通流中的元素的位置由元素在 HTML 中的位置决定。

块级元素从上到下一个接一个地排列,框之间的垂直距离是由框的垂直外边距计算出来的。

行级元素在一行中水平布置,可以使用水平内边距、边框和外边距调整它们的间距。但是,垂直内边距、边框和外边距不影响行内框的高度。由一行形成的水平框称为行框 (Line Box),行框的高度总是足以容纳它包含的所有行级元素。不过,设置行高可以增加这个框的高度。

普通流定位是 CSS 最基础的、默认的定位方式。

11.2　相　对　定　位

相对定位是一个非常容易掌握的概念。如果对一个元素进行相对定位，它将出现在基于普通流定位所在的位置上。然后，可以通过设置垂直或水平位置，使该元素"相对于"它的起点进行移动。

对元素使用 position 属性并将其设置为 relative，则可以使一个元素的定位方式改变为相对定位，如代码 11-1 所示。

```
<html>
    <head>
        <style type="text/css">
            div {margin: 10px; border: 2px dotted black; background-color: #ccc; height: 100px; width:
300px;}
            #box_relative { position: relative; top: 20px; left: 30px; }
        </style>
    </head>
    <body>
        <div id="box1"></div>
        <div id="box_relative"></div>
        <div id="box3"></div>
    </body>
</html>
```

代码 11-1　相对定位代码示例

代码 11-1 的显示效果如图 11-1 所示。

如代码 11-1 所示，通过 position:relative 将元素的定位机制设置为相对定位后，将 top 属性设置为 20 px，则框将显示在原位置顶部下面 20 px 的地方。如果将 left 属性设置为 30 px，则框将显示在原位置左边 30 px 的地方，也就是将元素向右移动。

注意，在使用相对定位时，无论是否进行移动，元素仍然占据原来的空间。因此，移动元素会导致它覆盖其他框。

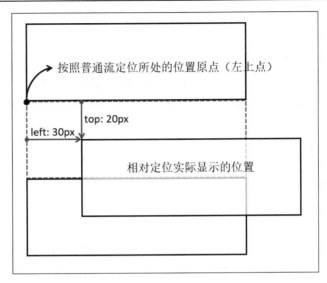

图 11-1 相对定位效果

11.3 绝 对 定 位

对元素使用 position 属性并将其设置为 absolute，可以使一个元素的定位方式改变为绝对定位。

设置为绝对定位的元素框将从文档流中完全删除，并相对于其包含块定位(包含块可能是文档中的另一个元素或者是初始包含块)；元素原先在正常文档流中所占的空间会关闭，就好像该元素原来不存在一样。元素定位后生成一个块级框，而不论原来它在正常流中生成何种类型的框。

绝对定位的元素的位置相对于最近的已定位祖先元素，如果元素没有已定位的祖先元素，那么它的位置则相对于最初的包含块。

应该记住每种定位的意义，即相对定位是"相对于"元素在文档中的初始位置，而绝对定位是"相对于"最近的已定位祖先元素，如果不存在已定位的祖先元素，那么"相对于"最初的包含块。

因为绝对定位的框与文档流无关，所以它们可以覆盖页面上的其他元素。可以通过设置 z-index 属性来控制这些框的堆放次序。

绝对定位示例如代码 11-2 所示。

```
<html>
    <head>
        <style type="text/css">
            div {border: 2px solid black; background-color: #ccc; height: 100px; width: 300px;}
            #box_relative { position: absolute; top: 50px; left: 80px; }
        </style>
    </head>
    <body>
        <div id="box1"></div>
        <div id="box_relative"></div>
        <div id="box3"></div>
    </body>
</html>
```

代码 11-2　绝对定位代码示例

代码 11-2 的显示效果如图 11-2 所示。

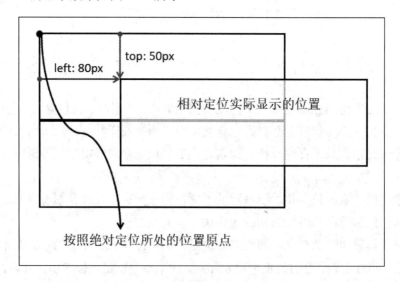

图 11-2　绝对定位效果图

　　因为绝对定位会将元素从普通流中完全删除,所以普通流中的后续元素顶替了该元素原有的位置,而该元素的位置按照其最近的已定位祖先元素的位置进行纵向和横向的偏移。

11.4　浮 动 定 位

对元素使用 float 属性可以将元素设置为左浮动或者右浮动。

float 属性的取值如表 11-1 所示。

表 11-1　float 属性值

值	描　　述
left	元素向左浮动
right	元素向右浮动
none	默认值。元素不浮动，并会显示在其在文本中出现的位置
inherit	规定应该从父元素继承 float 属性的值

浮动的框可以向左或向右移动，直到它的外边缘碰到包含框或另一个浮动框的边框为止。

和绝对定位的框一样，设置为浮动定位的元素框也将从普通流中完全删除。由于浮动框不在文档的普通流中，所以文档的普通流中的其他块框表现得就像浮动框不存在一样。

如图 11-3 所示，当将框 1 设置为右浮动时，它将脱离普通流并且向右移动，直到它的右边缘碰到包含框的右边缘，而普通流中的其他块框则将像框 1 不存在一样继续按顺序排列显示。

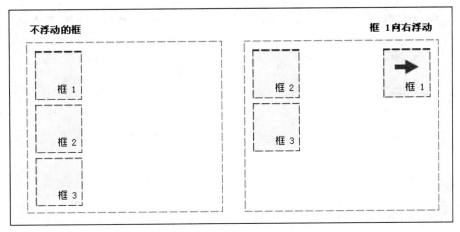

图 11-3　右浮动示意图

如图 11-4 所示，当框 1 设置为向左浮动时，它将脱离文档流并且向左移动，直到它的左边缘碰到包含框的左边缘。因为框 1 不再处于文档流中，所以它不占据空间，实际上是覆盖了框 2，使框 2 从视图中消失。

如果把所有三个框都向左移动，则框 1 向左浮动直到碰到包含框，另外两个框向左浮动直到碰到前一个浮动框，如图 11-5 所示。

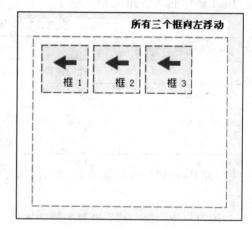

图 11-4　框 1 左浮动示意图　　　　　　　图 11-5　三个框左浮动示意图

如图 11-6 所示，如果包含框太窄，无法容纳水平排列的三个浮动元素，则其他浮动块会向下移动，直到有足够的空间。如果浮动元素的高度不同，则当它们向下移动时可能会被其他浮动元素"卡住"。

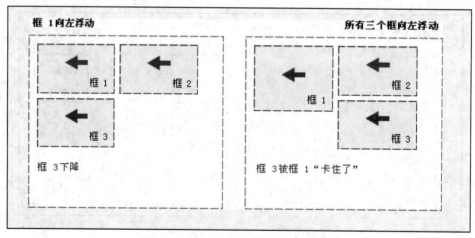

图 11-6　浮动定位的其他行为示意图

11.5　清　　除

图 11-4 中框 1 左浮动定位会出现一个问题，即当元素向左浮动，它脱离普通流定位后，由于它不占据普通流定位空间，所以后续元素顶替其位置，而顶替的元素又被左浮动定位的元素所遮挡。左浮动遮蔽示意图如图 11-7 所示。

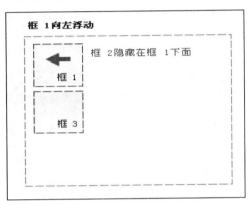

图 11-7　左浮动遮蔽示意图

要解决这个问题，可以使用 CSS 的清除属性 clear。clear 属性的取值如表 11-2 所示。

表 11-2　clear 属性值

值	描　　述
left	在左侧不允许浮动元素
right	在右侧不允许浮动元素
both	在左右两侧均不允许浮动元素
none	默认值。允许浮动元素出现在两侧
inherit	规定应该从父元素继承 clear 属性的值

使用 clear 属性可以解决浮动定位和普通流定位结合使用时会出现的互相遮挡的问题，如代码 11-3 所示。

```
<!DOCTYPE html>
<html lang="en">
    <head>
```

```
        <meta charset="utf-8">
        <title>Document</title>
        <style>
            div { border:1px solid black; width: 300px; height: 200px; }
        </style>
    </head>
    <body>
        <div style="float: left;"></div>
        <div></div>
    </body>
</html>
```

代码 11-3　不做清除处理，元素被浮动元素遮蔽

代码 11-3 的显示效果如图 11-8 所示。

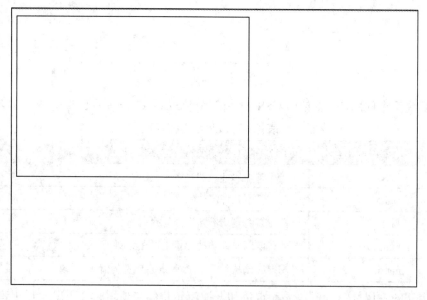

图 11-8　元素被浮动元素遮蔽效果图

可以给代码 11-3 中的第二个 div 元素加上 clear 属性，设置其清除左右的浮动元素，如代码 11-4 所示。

```
<!DOCTYPE html>
<html lang="en">
```

```
<head>
    <meta charset="utf-8">
    <title>Document</title>
    <style>
        div { border:1px solid black; width: 300px; height: 200px; }
    </style>
</head>
<body>
    <div style="float: left;"></div>
    <div style="clear:both;"></div>
</body>
</html>
```

代码 11-4　清除浮动代码示例

代码 11-4 的显示效果如图 11-9 所示。

图 11-9　清除浮动后示意图

此时，添加了清除的元素不再被遮蔽。

通过综合使用普通流定位、相对定位、绝对定位和浮动定位，并且合理地配合使用 z-index 属性、clear 属性等，可以使设计者按照页面的设计排版出美观大方的网页布局。

第 12 章　项目实战案例

本章将通过一个实战案例的开发全过程来对全书的内容进行总结和归纳，同时使读者了解和掌握使用 HTML 和 CSS 技术进行实战项目开发的流程以及常用的方式方法。

本实战案例是在编者完成的商用项目的基础上进行一定的删改和重新定义，以适用于本书读者的学习和练习之用。该案例基本上覆盖了本书所介绍的知识，且代码规模适中，难度较商用项目有所降低。同时，如果涉及前面章节未提及的知识和内容，案例中会有相应的补充说明。

12.1　需　求　分　析

项目名称：代码管理系统。

项目的使用场景：少数几位代码分享者通过本项目上传自己的源代码压缩包文件并予以维护管理。多数的注册用户可以从本项目查看和下载他人分享的源代码压缩包文件。常见的使用场景就是教师可以通过该项目将每次课的示例代码统一管理起来并提供给学生下载。

基于以上使用场景，可以画出本项目的用例图。

12.1.1　用例图

通过分析项目的需求得知，整个项目的参与者分为：
- 管理员：指具有上传和管理代码权限的用户。
- 用户：指只可以在系统上查看和下载代码的用户。
- 系统：指系统本身，可以进行一些无需管理员和用户直接参与的功能，并监控管理员和用户的行为。

由此，可以画出系统的用例图，如图 12-1 所示。

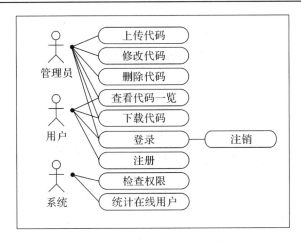

图 12-1 代码管理系统用例图

12.1.2 页面一览

根据用例图，可以分析得出整个系统需要哪些页面、分别承担什么功能。对页面的名称、作用做出定义，并列出表格，可以得到如表 12-1 所示的代码管理系统页面一览表。

表 12-1 代码管理系统页面一览表

序号	页面 ID	页面名称	说 明
1	index	首页	显示项目说明
2	signup	注册	显示用户注册表单
3	list	代码一览	显示代码列表，单击代码可下载
4	admin	代码管理	显示代码列表和删除、修改按钮
5	upload	代码上传	显示代码上传表单
6	edit	代码修改	显示代码修改表单
7	error	系统异常	显示错误信息
8	result	操作结果页	显示操作结果

表 12-1 的页面一览表用于指导后续开发中的页面命名，以及显示内容的规划。

通过需求分析，就可以明确系统的功能边界和开发范围。

12.2　页面设计

在概要设计阶段，主要是基于前期的需求分析来描述整个项目的基本轮廓。

一般来说，概要设计阶段中与前端页面部分相关的包括页面跳转图，以及与美工协同工作绘制页面效果图。此外，从项目整理上，还需要做数据库的概要设计和服务器端的概要设计。

这些设计工作的过程、方法在软件工程相关课程中会有具体的知识支撑，不在本书的讨论之列，所以这里直接给出设计成果供读者参考。读者也可以自己进行设计，然后与本书给出的内容进行参照比对。

12.2.1　页面跳转设计

根据需求分析的页面一览表，可以绘制出各页面之间相互跳转的关系图，如图 12-2 所示。

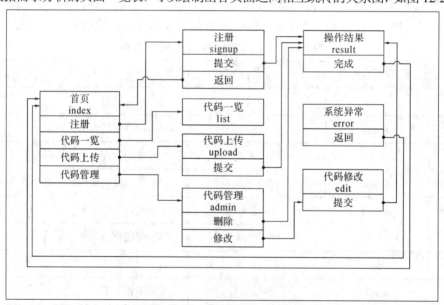

图 12-2　代码管理系统页面跳转图

图 12-2 所示的页面跳转图设计了表 12-1 中的页面之间的跳转关系，实际上也定义了用户的操作流程和系统的工作流程。

12.2.2 页面效果图

页面效果图是指根据前置设计的结果，使用绘图工具将每个页面最终的显示效果绘制出来。这个环节主要是设计页面的视觉效果和用户体验，主要包括页面的布局、排版、色彩搭配、字体、页面各组件尺寸等。

在这个阶段，通常是由需求分析人员协调客户和界面设计人员进行，是一个逐步修改、逐步优化的过程。这里也直接给出设计成果供读者参考。

代码管理系统的页面效果图如图 12-3～图 12-10 所示。

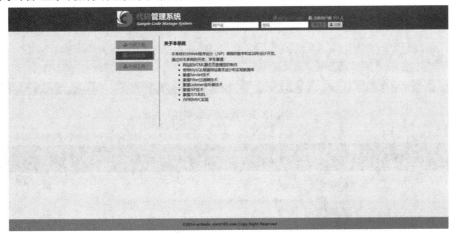

图 12-3 首页效果图

图 12-4 列表页效果图

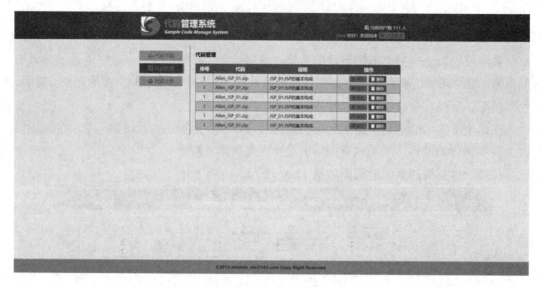

图 12-5　管理页效果图

图 12-6　上传页效果图

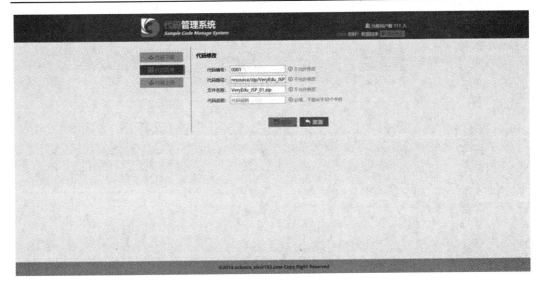

图 12-7　修改页效果图

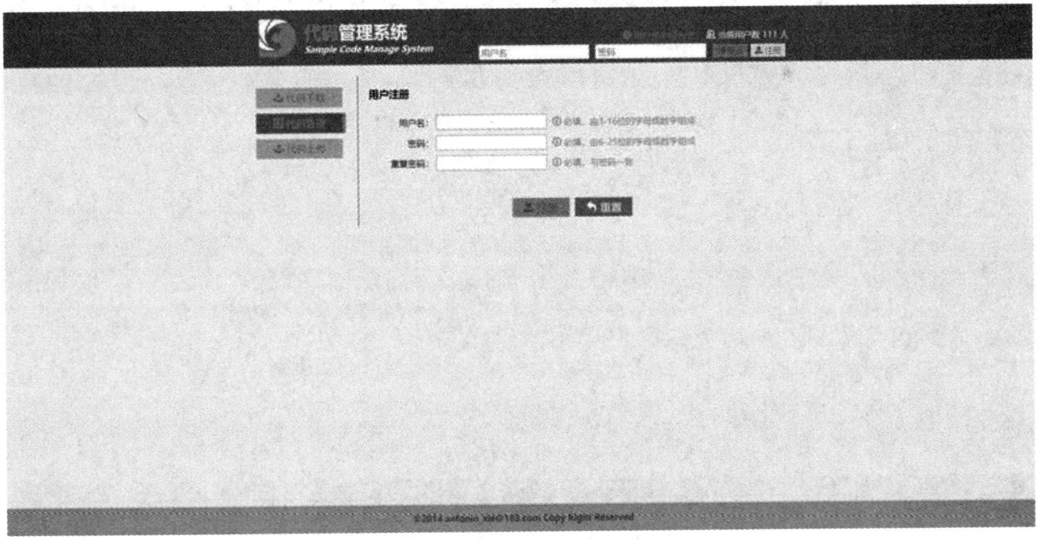

图 12-8　注册页效果图

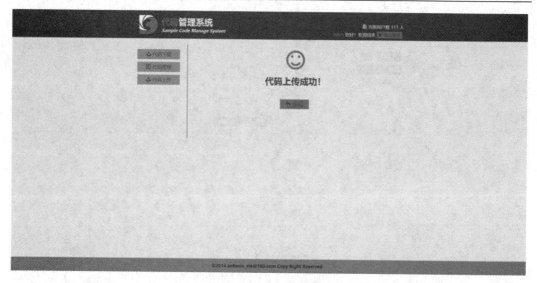

图 12-9　结果页效果图

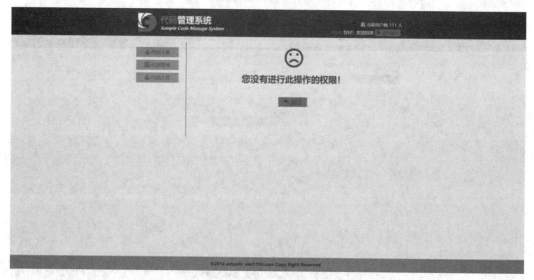

图 12-10　系统异常页效果图

12.2.3　页面尺寸定义

根据页面效果图，可以测量出页面各个组成部分的尺寸数据。根据精确的尺寸数据进行编码是确保页面成果和效果图一致的基本条件。

本项目的页面设计在尺寸上为降低难度，并贴近本书内容，只考虑 PC 浏览器显示的情况，不对移动设备进行适配。对于移动设备进行适配的情况在本套书的进阶部分会详细介绍。

由于目前大部分 PC 设备的分辨率可以达到 1080×960，为了保证在各种规格分辨率下能够有相对一致的显示效果，设计页面宽度为固定的 1000 px，左右两侧留出适配空间。同时，指定头部栏和注脚栏为固定高度，而其他部分的高度由内容决定(设置为自动高度)。

页面的尺寸定义如图 12-11 所示。

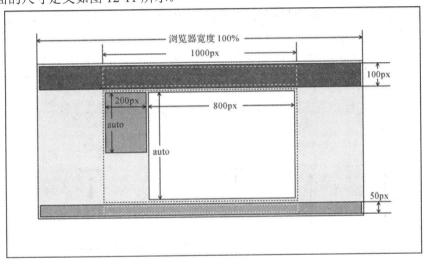

图 12-11　页面尺寸定义图

12.2.4　页面颜色定义

页面颜色定义是对所有在效果图中出现的颜色进行精确定义，颜色值可以由界面设计人员给出，也可以由开发人员使用取色工具提取。

从页面效果图获取的代码管理系统的颜色定义如图 12-12 所示。

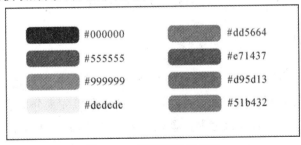

图 12-12　页面颜色定义图

12.3 代 码 实 现

在完成了一系列的设计工作之后，对于代码管理系统的页面部分已经有了一个明确的参照和定义，就可以开始着手进行具体的编码实现工作了。

在编码实现过程中，我们始终遵循先总体后细节、先共通后特例的方式进行开发，以此来降低代码的冗余。

根据需要，先建立如图 12-13 所示的文件夹结构，用于存放各类源代码。

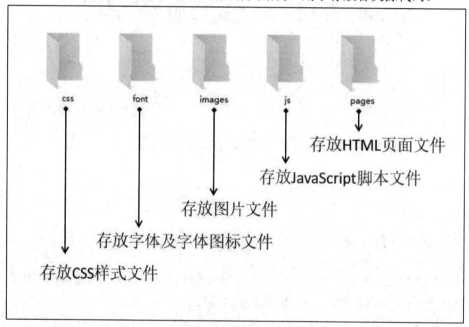

图 12-13 代码目录结构图

12.3.1 总体布局

观察页面效果图可以发现，本项目的 8 个页面的总体布局都是一致的，均由头部、导航栏、主区域、注脚栏组成，其位置也是统一的。所以先来分析这样的页面布局应该由哪些组件和容器、如何设置尺寸和位置来实现，如图 12-14 所示。

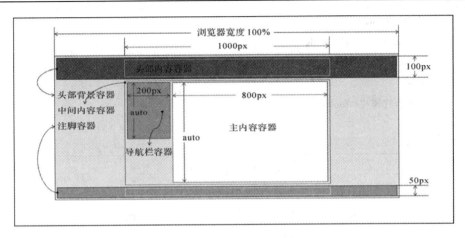

图 12-14　总体布局设计图

根据图 12-14，页面的整体布局分为如下几个容器：

- 头部背景容器：宽度 100%，高度 100 px，背景颜色为 #555555。
- 头部内容容器：宽度 1000 px，高度 100 px，背景颜色透明。
- 中间内容容器：用于容纳导航栏容器和主内容容器，宽度 1000 px，高度自动，横向居中，背景透明。
- 导航栏容器：宽度 200 px，高度自动，左浮动。
- 主内容容器：宽度 800 px，高度自动，左浮动。
- 注脚容器：宽度 100%，高度 50 px，行高 50 px，文本居中对齐。

所以，可以创建 index.html 文件，编写 HTML 代码，如代码 12-1 所示。

```
<!DOCTYPE html>
<html lang="zh">
    <head>
        <meta charset="utf-8">
        <title>代码管理系统</title>
        <link rel="stylesheet" href="../css/style.css">
    </head>
    <body>
        <header>
            <div id="header">头部内容区</div>
        </header>
```

```
        <div id="content">
            <aside>导航栏</aside>
            <main>主内容</main>
        </div>
        <footer>注脚栏</footer>
    </body>
</html>
```

代码 12-1　总体布局代码

代码 12-1 中，使用代码 12-2 所示代码引用了父级目录下的 css 目录下的 style.css 外部样式文件，并分别创建了图 12-14 所示的 6 个内容布局容器：

- 头部背景容器：header 元素。
- 头部内容容器：id="header"的 div 元素。
- 中间内容容器：id="content"的 div 元素。
- 导航栏容器：aside 元素。
- 主内容容器：main 元素。
- 注脚容器：footer 元素。

```
<link rel="stylesheet" href="../css/style.css">
```

代码 12-2　CSS 代码片段 1

随后，在 css 目录下创建 style.css 文件，编写代码如代码 12-3 所示。

```
* { margin: 0; padding: 0; border: 0; }
body { background-color: #dedede; }
header { background-color: #555555; height: 100px; }
#header, #content { width: 1000px; margin: 0 auto; overflow: hidden;}
aside { width: 200px; float: left; }
main { width: 800px; float: left; }
footer {height: 50px; line-height: 50px; text-align: center; background-color: #999999; clear: both;}
```

代码 12-3　总体布局样式代码

代码 12-3 中，使用代码 12-4 所示代码清空了所有元素的外边距、内边距和边框，使得所有浏览器的默认设置失效，这些内容随后根据需要逐项设置，以保证在多个浏览器显示的效果一致。

```
* { margin: 0; padding: 0; border: 0; }
```

代码 12-4　CSS 代码片段 2

其他代码分别按照设计的各个部分的尺寸、背景颜色、对齐方式进行了相应的设置。其中，代码 12-5 中对 header 和 content 设置的 overflow:hidden，是针对中间内容容器中存放的两个设置了左浮动的容器所造成的脱离普通流定位的问题的解决。overflow 属性用于设置内容溢出情况，hidden 的意思是将溢出的内容进行隐藏。

```
#header, #content { width: 1000px; margin: 0 auto; overflow: hidden;}
```

代码 12-5　CSS 代码片段 3

代码 12-6 为 footer 元素加上了 clear:both，用于清除其左右两侧的浮动元素，也可以使 footer 元素不与脱离的普通流定位的 aside 元素和 main 元素显示在同一行。

```
footer { height: 50px; line-height: 50px; text-align: center; background-color: #999999; clear: both;}
```

代码 12-6　CSS 代码片段 4

此时，用浏览器打开 index.html 文件，页面显示的效果如图 12-15 所示。

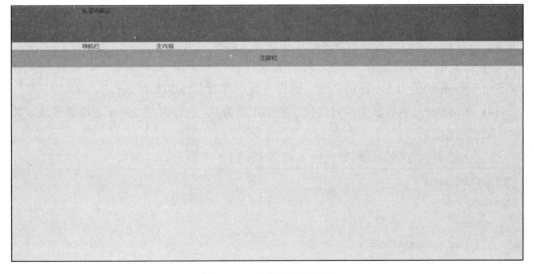

图 12-15　总体布局效果图

可以看到，现在页面的各个组成部分基本正确地设置了背景颜色、尺寸和位置。但是存在一个明显的问题：当中间内容区域的内容较少、高度不够时，注脚栏将紧贴中间内容区域显示，这样的显示使页面十分不美观。常见的要求是即使中间内容区域的内容较少，注脚栏也应紧贴页面底部显示；当中间内容区域内容较多、高度超过页面高度时，注脚栏才紧贴中间内容区域显示到页面之外，并通过滚动条显示，如图 12-16 所示。

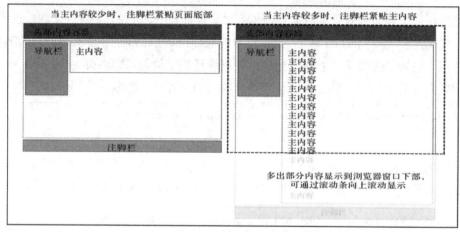

图 12-16　页面布局示意图

图 12-15 所展现出来的问题的解决方案如下：

(1) 将 body 和 html 元素的高度设置为 100%。

(2) 将页面的所有内容放入一个 div 元素中，设置该元素为相对定位，最小高度为 100%。这样，页面所有内容的整体高度至少会占据整个页面高度。

(3) 将页面中除 footer 部分之外的其他内容放入一个 div 元素中，设置该元素 padding-bottom 的值为 footer 的高度，这样可防止页面内容遮挡 footer。

(4) 将 footer 元素设置为绝对定位，底部距离为 0。这样可使 footer 脱离普通流，紧贴在页面底部显示。

使用上述解决方案的代码如代码 12-7 和代码 12-18 所示。

```
<!DOCTYPE html>
<html lang="zh">
    <head>
        <meta charset="utf-8">
        <title>代码管理系统</title>
        <link rel="stylesheet" href="../css/style.css">
    </head>
    <body>
        <!-- 2. 将页面所有内容放入 id=wapper 的容器中 -->
```

```
<div id="wapper">
    <!-- 3. 将页面中除 footer 部分之外的其他内容放入一个 div 元素 -->
    <div id="nofooter">
        <header>
            <div id="header">头部内容区</div>
        </header>
        <div id="content">
            <aside>导航栏</aside>
            <main>主内容</main>
        </div>
    </div>
    <!-- 4. 注脚栏单独设置绝对定位 -->
    <footer>注脚栏</footer>
</div>
</body>
</html>
```

代码 12-7 HTML 代码

```
* { margin: 0; padding: 0; border: 0; }
/* (1) 设置 body 和 html 元素高度为 100% */
body,html { background-color: #dedede; height: 100%; }
header { background-color: #555555; height: 100px; }
#header, #content { width: 1000px; margin: 0 auto; overflow: hidden;}
aside { width: 200px; float: left; }
main { width: 800px; float: left; }
/* (2) 设置整体内容的定位为相对定位，最小高度为 100% */
#wapper { position: relative; min-height: 100%; _height: 100%; /* for IE6 因为 IE6 不支持 min-height */}
/* (3) 设置除注脚之外的部分的底部内边距等于注脚的高度，使内容不至被 footer 遮盖 */
#nofooter { padding-bottom: 50px; }
/* (4) 单独设置注脚的定位为绝对定位，底部距离为 0，宽度为 100% */
footer {height: 50px; line-height: 50px; text-align: center; background-color: #999999;
    clear: both; position: absolute; bottom: 0; width: 100%;}
```

代码 12-8 CSS 代码

此时，用浏览器打开 index.html，显示的效果如图 12-17 所示。

图 12-17　总体布局效果图

接下来，可以对网站整体的颜色进行定义。

从之前的设计中可以看出，背景颜色主要为三种不同程度的灰色和白色；文本颜色主要为包括黑色、白色在内的 6 种颜色，其中黑色为文本的默认颜色，不需特别定义。所以从整体上需要定义的颜色如表 12-2 所示。

表 12-2　颜色定义一览表

背景颜色		字体颜色	
类　名	颜 色 值	类　名	颜 色 值
.bg_darkgray	#555555	.txt_green	#02e207
.bg_gray	#999999	.txt_warning	#d95d13
.bg_lightgray	#dedede	.txt_error	#dd5664
.bg_white	#ffffff	.txt_exception	#e71437
.bg_green	#02e207	.txt_darkgray	#555555
		.txt_gray	#999999
		.txt_white	#ffffff

将表 12-2 中的颜色定义编码到 style.css 文件中，如代码 12-9 所示。

```
* { margin: 0; padding: 0; border: 0; }
/* (1) 设置 body 和 html 元素高度为 100% */
body,html { background-color: #dedede; height: 100%; }
header { background-color: #555555; height: 100px; }
#header, #content { width: 1000px; margin: 0 auto; overflow: hidden;}
aside { width: 200px; float: left; }
main { width: 800px; float: left; }
/* (2) 设置整体内容的定位为相对定位，最小高度为 100% */
#wapper { position: relative; min-height: 100%; _height: 100%; /* for IE6 因为 IE6 不支持 min-height */}
/* (3) 设置除注脚之外的部分的底部内边距等于注脚的高度，使内容不至被 footer 遮盖 */
#nofooter { padding-bottom: 50px; }
/* (4) 单独设置注脚的定位为绝对定位，底部距离为 0，宽度为 100% */
footer {height: 50px; line-height: 50px; text-align: center; background-color: #999999;
        clear: both; position: absolute; bottom: 0; width: 100%;}
/* 背景颜色定义 */
.bg_darkgray { background-color: #555555; }
.bg_gray { background-color: #999999;}
.bg_lightgray { background-color: #dedede; }
.bg_white { background-color: #ffffff; }
.bg_green{background-color: #02e207}
/* 文本颜色定义 */
.txt_green { color: #02e207; }
.txt_warning { color: #d95d13; }
.txt_error { color: #dd5664; }
.txt_exception { color: #e71437; }
.txt_darkgray { color: #555555; }
.txt_gray { color: #999999; }
```

代码 12-9　颜色定义样式代码

随后，为全站设置默认字体为微软雅黑，在 style.css 中编写代码，如代码 12-10 所示。

```
body,html { background-color: #dedede; height: 100%; font-family: "微软雅黑";}
```

代码 12-10　CSS 代码片段 5

至此，基本完成了总体布局的编码工作，可以开始各个局部的编码工作了。

12.3.2 头部编码

根据页面效果图可以看到,头部的布局主要分为左中右三个部分,其中左部为 LOGO 图片；中部为网站标题；右侧为上下堆叠的两个部分，分别为错误信息、在线人数统计以及登录表单或者欢迎信息。其中，错误信息在某些条件下才会显示，而登录表单和欢迎信息的显示为互斥的，即总是只显示其中一个。

根据设计做出代码规划如图 12-18 所示。

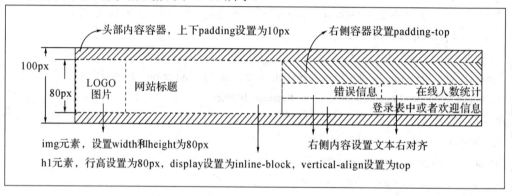

图 12-18　头部布局设计

根据图 12-18 所示的头部布局设计编写 index.html 的 header 部分代码,如代码 12-11 所示。

```
<div id="header">
    <img src="../images/logo.png" alt=""/>
    <div id="site-title">
        <h1>代码管理系统</h1>
        <span><i><b>Sample Code Manage System</b></i></span>
    </div>
    <div id="right-bar">
        <div id="info-bar">
            <span>用户名不可为空！</span>
            <span>当前在线人数 11 人</span>
        </div>
```

```
        <div>
            <form action="#" method="post">
                <input type="text" name="username" placeholder="用户名">
                <input type="password" name="password" placeholder="密码">
                <button>登录</button>
                <button>注册</button>
            </form>
        </div>
    </div>
</div>
```

代码 12-11　头部 HTML 代码片段

同时，在 style.css 中编写代码，如代码 12-12 所示。

```
#header>img { width: 80px; height: 80px; }
#header>#site-title { height: 80px;display: inline-block; vertical-align: bottom;}
#header #right-bar { float: right; padding-top: 24px; text-align: right; line-height: 28px;}
```

代码 12-12　头部相关的 CSS 代码片段

并且给前面已经写好的代码 12-11 中 id=header 元素的 CSS 中添加上 padding-top:10px 和 padding-bottom:10px，如代码 12-13 所示。

```
#header, #content { width: 1000px; margin: 0 auto; overflow: hidden;
    padding-top: 10px; padding-bottom: 10px;}
```

代码 12-13　CSS 代码片段 6

用浏览器打开 index.html，则显示效果如图 12-19 所示。

图 12-19　头部布局效果图

可以看到，头部的布局基本完成了，接下来可以逐一设置各个元素的样式细节。通过对比效果图，了解到需要设置的样式大致有如下几项：

(1) 网站标题中的"代码"二字字体颜色应为绿色，"管理系统"四字字体颜色应为白色。只需将它们分别放入两个 span 元素中，并添加上 class="txt_green"属性即可。

(2) 错误信息文本颜色应为粉红色，即添加上 class="txt_ error"即可。

（3）在线人数统计文本颜色应为白色，即添加上 class="txt_white"即可。

（4）登录表单的输入项没有设置合适的 padding 和 border，考虑到网站其他地方也有可能出现输入项，所以最好使用通用的 CSS 设置来设置合适的 padding 和 border。

（5）登录表单的按钮没有设置合适的 padding 和 border，考虑到网站其他地方也有可能出现按钮，且有可能出现大中小三种不同尺寸的按钮，所以此时可以统一定义好三种尺寸的按钮样式；"登录"按钮为绿色背景，且两个按钮均为深灰文本。由于按钮的字体属性并不继承，所以需要额外设置为微软雅黑。

对应(1)的内容修改代码，如代码 12-14 所示。

```
<h1><span class="txt_green">代码</span><span class="txt_white">管理系统</span></h1>
```

代码 12-14　　CSS 代码片段 7

对应(2)的内容修改代码，如代码 12-15 所示。

```
<span class="txt_error">用户名不可为空!</span>
```

代码 12-15　　CSS 代码片段 8

对应(3)的内容修改代码，如代码 12-16 所示。

```
<span class="txt_white">当前在线人数 11 人</span>
```

代码 12-16　　CSS 代码片段 9

对应(4)的内容，在 style.css 中添加代码，如代码 12-17 所示。

```
input[type=text],input[type=password]{padding:4px; border: 1px solid #ccc; font-family: "微软雅黑";}
```

代码 12-17　　CSS 代码片段 10

对应(5)的内容，在 style.css 中分别定义大中小三种按钮的类，如代码 12-18 所示。

```
/* 大中小三种尺寸按钮的定义 */
.sml_btn { padding: 2px 8px 2px 8px; font-family: "微软雅黑"; }
.mid_btn { padding: 5px 10px 5px 10px; font-family: "微软雅黑"; }
.large_btn { height: 36px; padding: 4px 20px 4px 20px; font-size: 20px;  font-family: "微软雅黑"; }
```

代码 12-18　　CSS 代码片段 11

然后在 index.html 中修改代码，如代码 12-19 所示。

```
<form action="#" method="post">
    <input type="text" name="username" placeholder="用户名">
```

```
<input type="password" name="password" placeholder="密码">
<button class="mid_btn bg_green txt_darkgray">登录</button>
<button class="mid_btn txt_darkgray">注册</button>
</form>
```

代码 12-19　CSS 代码片段 12

此时，使用浏览器打开 index.html，显示效果如图 12-20 所示。

图 12-20　头部细节效果图

此时，还缺少错误信息、在线人数、按钮中的小图标。对于图标的开发策略，如果使用扁平化图标，目前通行的策略是使用字体图标，即将图标的矢量图形制作成字体文件，然后使用 CSS 引用字体文件，将图标作为特殊文本显示在页面上。这样做的好处是图标可以像字体一样设置尺寸和颜色，非常方便，本项目采用的是这种策略。当然，这种策略也有其弊端，即不能使用彩色图标，只能使用单色图标。

目前，有许多的在线图标库可供使用，本项目选用的是 icon moon 图标库。使用步骤如下：

(1) 从网站 https://icomoon.io/选择所需图标并下载。

(2) 下载后将压缩包中的字体文件复制至 font 目录，将.css 文件复制至 css 目录。

(3) 修改.css 文件中字体文件的引用路径。

(4) 在设计者的 HTML 文档中使用 link 标签引用.css 文件。

(5) 在 HTML 文档中需要使用图标的地方使用 span 元素指定对应的 class 属性值，即可显示对应的图标。

加入图标后的代码如代码 12-20 和代码 12-21 所示。

```
<span class="txt_error"><span class="icon-cancel-circle light_pink"></span>用户名不可为空!</span>
<span class="txt_white"><span class="icon-users2 white"></span>当前在线人数 11 人</span>
```

代码 12-20　字体图标代码片段 1

```
<button class="mid_btn bg_green txt_darkgray"><span class="icon-enter"></span>登录</button>
<button class="mid_btn txt_darkgray"><span class="icon-user3"></span>注册</button>
```

代码 12-21　字体图标代码片段 2

显示效果如图 12-21 所示。

图 12-21　头部显示效果图

随后需要测试当错误信息不显示时，页面其他部分是否正常。可以将代码中的错误信息部分注释掉，然后再查看效果，如图 12-22 所示。可以看出，错误信息不显示时，页面其他部分的显示正常。

图 12-22　无错误信息时的头部显示效果图

接下来要制作登录表单不显示、欢迎信息显示的情况。此时也可以将登录表单部分的代码暂时注释掉，然后在登录表单部分编写欢迎信息的内容，如代码 12-22 所示。

```
<span class="txt_green">Allen</span> <span class="txt_white">您好，欢迎回来!</span>
<button class="mid_btn bg_green txt_darkgray"><span class="icon-exit"></span>退出登录</button>
```

代码 12-22　欢迎信息代码

显示效果如图 12-23 所示。

图 12-23　欢迎信息显示效果图

至此，页面头部的编码基本完成。

12.3.3　导航栏编码

本项目的左侧导航栏中有三个导航链接，分别单击可以导航到对应的页面中。这种导航的链接组通常使用无序列表 ul 和列表项 li 来制作，li 中使用 a 元素来进行页面的跳转。

根据设计做出代码规划，如图 12-24 所示。

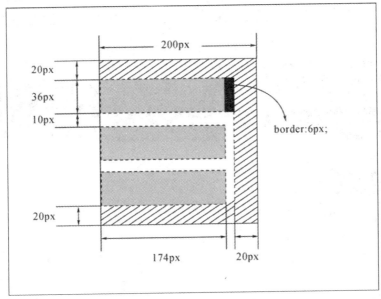

图 12-24 导航栏布局设计

根据图 12-24 所示的导航栏布局设计编写 index.html 的 aside 部分代码，如代码 12-23 和代码 12-24 所示。

```
<aside>
    <ul>
        <li><a href="#" class="active"><span class="icon-download"></span>代码一览</a></li>
        <li><a href="#"><span class="icon-profile"></span>代码管理</a></li>
        <li><a href="#"><span class="icon-upload"></span>代码上传</a></li>
    </ul>
</aside>
```

代码 12-23 导航栏 HTML 代码片段

```
aside { width: 180px; float: left; padding: 20px 20px 20px 0px;} /* 修正 */
/* 导航栏样式定义 */
aside ul { list-style: none; text-align: center; }
aside ul li { width: 174px; height: 36px; line-height: 36px; margin-bottom: 10px;}
aside ul li a { text-decoration: none; display: block; height: 100%; width: 100%; background-color:
```

```
#999999; color: #555555; font-size: 18px;}
aside ul li .active { background-color: #555555; color: #02e207; border-right: 6px solid #02e207;}
```

代码 12-24 导航栏 CSS 代码片段

此时，index.html 的显示效果如图 12-25 所示。

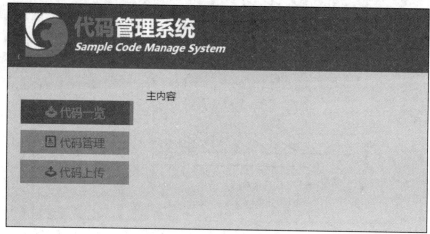

图 12-25 导航栏显示效果图

至此，导航栏的编码工作基本完成。

12.3.4 注脚栏编码

只需要在 footer 元素中写入正确的版权信息即可完成注脚栏的编码，其中©符号的写法为©，如代码 12-25 所示。

```
<footer>&copy;2014-2018 antonio_xie@163.com Copy Right Reserved. 版权所有</footer>
```

代码 12-25 CSS 代码片段 13

当然，在这里也可以写上设计者自己的版权信息。

代码 12-25 的显示效果如图 12-26 所示。

图 12-26 注脚栏效果图

12.3.5　主区域编码

至此，本项目页面共通部分的编码全部结束，接下来可以根据效果图进行各个页面主区域的编码。

主区域部分的编码过程在此不做赘述，需要提醒读者的是，后续编码过程中所用到的知识点均已在本书的各个章节中介绍过，读者应根据自身的学习和理解，综合性地、灵活地运用所学知识进行编码。

Web 前端的编码不是一成不变的，相同的效果可以有多种编码方式，重要的是透彻地理解 HTML 与 CSS 的各个知识点，方能灵活使用。

其次，在编码过程中，也请读者参照本章前面几节内容中的编码方式，在敲代码之前，先做好布局和细节的设计工作，把示意图先画出来，哪怕是使用白纸和铅笔徒手绘制也是可以的。清晰的设计与思路将使设计者的编码过程流畅，也可减少错误。

参 考 文 献

[1] (美)Elizabeth Castro，Bruce Hyslop. HTML5 与 CSS3 基础教程. 8 版. 望以文，译.
   北京：人民邮电出版社，2014.

[2] http://www.w3school.com.cn/ W3School 在线教程 CSS 教程.

[3] 陆凌牛. HTML5 与 CSS3 权威指南(上册). 3 版. 北京：机械工业出版社，2015.